Thomas Baffault

Anaconda Taschenführer

Tierspuren

70 Fuß,- Kot- und Fraßspuren
lesen und bestimmen

Illustrationen von Lise Herzog

Aus dem Franzö[illegible]

Anaconda

Verwendete Symbole

Größe des Trittsiegels

Anzahl abgedrückter Zehen vorne

Anzahl abgedrückter Zehen hinten

J F M A M J J A S O N D — Fortpflanzungs- oder Nistzeit

J F M A M J J A S O N D — Geburts- oder Schlüpfzeit

FSC www.fsc.org MIX Papier | Fördert gute Waldnutzung FSC® C004378

Penguin Random House Verlagsgruppe FSC® N001967

Die Deutsche Nationalbibliothek verzeichnet diese Publikation in der Deutschen Nationalbibliografie; detaillierte bibliografische Daten sind im Internet unter http://dnb.d-nb.de abrufbar.

Umschlaggestaltung: dyadesign, Düsseldorf, www.dya.de unter Verwendung von Motiven aus dem Innenteil
Satz und Layout: InterMedia – Lemke e. K., Heiligenhaus
Illustrationen: © Lise Herzog
Druck und Bindung: PBtisk, a.s., Pribram
Printed in Czech Republic
ISBN 978-3-7306-1325-2
www.anacondaverlag.de

Einleitung

Warum dieser Taschenführer?

Gehen wir 400 Generationen zurück (etwa 10.000 Jahre). Für unsere Vorfahren war das Fährtenlesen eine lebenswichtige Fähigkeit, unabhängig davon, woher sie kamen.

Wenn Sie diese Seiten lesen, bedeutet das, dass Ihre Ur-Ur-(...)-Großeltern über jene Fähigkeit verfügten, die es ihnen ermöglichte, Gefahren auszuweichen, sich an den Rhythmus ihrer natürlichen Umgebung anzupassen und Nachkommen zu zeugen.

Spurenlesen bedeutet, auf das Wetter zu achten, das den Fuchs dazu veranlasst, in seinem Bau zu bleiben oder sich für ein Nickerchen in die Sonne zu legen. Es bedeutet, die duftenden Blumenknospen und reifenden Früchte wahrzunehmen, die das Reh zu einem Umweg verleiten und Insekten anlocken, denen wiederum Meisen auflauern. Es bedeutet, den trockenen Boden zu berühren, auf dem sich das unscharfe Muster eines Wildschweintrittsiegels abzeichnet, oder den feuchten schlammigen Boden, in dem der perfekte Abdruck einer Waldmauspfote abgebildet ist. Es bedeutet auch, das Bellen eines fliehenden Rehs, das Grunzen eines Igels, das plötzliche Verstummen der Frösche in der Nacht – wenn sich der Iltis dem Teich nähert – und die Schreie nachtaktiver Raubvögel zu hören, die am frühen Morgen zum Sonnenaufgang dem fröhlichen Chor der Spatzen weichen.

Die Praxis des Fährtenlesens schärft die Sinne und ermöglicht es, sich in einem Ökosystem zu verorten und seinen Platz darin zu finden. Diese Disziplin basiert auf unserem Grundbedürfnis, die Symbiosen in unserer Umwelt zu verstehen und einen Nutzen daraus zu ziehen. Unsere heutige Fähigkeit, zu lesen und wissenschaftlich zu denken, ist höchstwahrscheinlich auf die hypothetisch-deduktive Methode zurückzuführen, die unsere Vorfahren beim Spurenlesen entwickelt haben (Louis Liebenberg, *The Art of Tracking: The Origin of Science*, David Philip, Claremont (Südafrika), 1990).

An wen richtet sich dieser Naturführer?

Da man sowohl in der Stadt als auch im Wald Tierspuren verfolgen kann, richtet sich dieser Naturführer an alle Neugierigen, die ihre gefiederten und pelzigen Nachbarn besser kennenlernen möchten. Er richtet sich auch an Familien, die mit diesem Buch die ersten Streifzüge von jungen Nachwuchsspurenleser:innen begleiten möchten. Naturforschende finden in diesem Naturführer nützliche Bestimmungsmerkmale und Informationen, die sich mit verschiedenen naturwissenschaftlichen Bereichen überschneiden.

Wie ist dieses Buch aufgebaut?

Das Buch ist in fünf Teile gegliedert, die jeweils über einen Abschnitt verfügen, in dem die Bestimmungskriterien der jeweiligen Spur aufgeführt sind:

- der gebräuchliche (Trivial-) und der wissenschaftliche Name
- die Größe des vorderen und hinteren Trittsiegels
- die abgedrückten Elemente des Trittsiegels (Zehen, Ballen, Krallen usw.)
- die Fortpflanzungs- und Geburtszeit, die am besten für die Beobachtung geeignet sind
- das generelle Aussehen des Trittsiegels oder der Spur, zusammen mit einer Abbildung der Form des Vorder- und Hinterfußes sowie gegebenenfalls der Schritte
- die bevorzugte Gangart des Tieres
- der Lebensraum
- Anekdoten und zusätzliche Informationen in der Rubrik »Wissenswertes«

Das Buch ist in folgende Lebensräume und Spuren unterteilt:

1. Wald und Gebirge
2. In Wassernähe
3. Landwirtschaftszone
4. In der Stadt
5. Spuren: Unterschlüpfe, Scheuerstellen, Schädel, Kot

Die Fährten und Spuren sind nicht notwendigerweise auf die Umgebung beschränkt, der sie in diesem Naturführer zugeordnet wurden, es handelt sich vielmehr um den »bevorzugten« Lebensraum.

Wie soll man beginnen?

Am Anfang besteht die sicherste, effektivste Methode darin, einfach vor die Tür zu gehen und einen Spaziergang zu unternehmen. Beim Fährtenlesen gibt es weder zeitliche noch räumliche Einschränkungen. Sobald Sie im Freien sind, kann die Spurensuche beginnen:

- Achten Sie auf die Windrichtung, die Luftfeuchtigkeit und die Temperatur und fragen Sie sich, wie diese Parameter die Tier- und Pflanzenwelt sowie die Bodenbeschaffenheit beeinflussen.
- Lassen Sie sich von Ihrer Neugier leiten: ein Geruch, ein Geräusch aus einer bestimmten Richtung, eine Schlammpfütze hier, eine kuriose Form in der Ferne da, ein Fußabdruck ...
- Stellen Sie sich einen Wecker auf Ihrem Handy, damit Sie nicht auf die Uhrzeit achten müssen, und lassen Sie sich dann einfach nach Lust und Laune treiben.
- Wenn Sie auf ein Trittsiegel oder einen Hinweis für die Anwesenheit eines Tieres stoßen, stellen Sie Vermutungen an, überlegen Sie sich mehrere Hypothesen und versuchen Sie, auf Schlussfolgerungen zu verzichten.

Wenn Sie Fortschritte machen wollen, sollten Sie immer ein Notizbuch, einen Bleistift und ein Lineal dabeihaben. Fotografieren Sie die Spur, indem Sie das Lineal danebenlegen, und zeichnen Sie sie dann an Ort und Stelle mit möglichst vielen Details und Anmerkungen. Sie brauchen kein Talent, weil es nicht darum geht, ein Kunstwerk zu schaffen, sondern Ihr Gehirn dazu anzuregen, auf mehr Details zu achten. Notieren Sie Uhrzeit, Datum, Ort und die aktuelle Wetterlage und beschreiben Sie die unmittelbare und weitere Umgebung.

Nehmen Sie vor Ort – oder wenn Sie wieder zu Hause sind – diesen Naturführer zur Hand und suchen Sie nach möglichen Übereinstimmungen. Ziehen Sie so lange keine Schlussfolgerungen, bis Sie alle Informationen über die infrage kommenden Tiere gelesen haben.

Ist es plausibel, dass sich das Tier in dieser Umgebung aufhält? Was könnte es dorthin gelockt haben? Wo könnte es sich im Laufe des Tages verstecken? Wenn Sie regelmäßig unterwegs sind, werden Sie allmählich feststellen, dass sich Ihre Sinne schärfen und Ihre Neugierde immer größer wird. Vergessen Sie nicht, dass uns das Fährtenlesen in den Genen liegt.

Es stimmt, dass das Spurenlesen im Laufe der letzten 10.000 Jahre immer mehr an den Rand gedrängt und das freie Nomadentum der Jäger und Sammler durch sesshafte landwirtschaftliche Zivilisationen ersetzt wurde. Für die Gattung Homo, die es seit mindestens zwei Millionen Jahren gibt, entspricht dies jedoch nicht mehr als den letzten sieben Minuten eines 24-Stunden-Tages: Für eine radikale Veränderung reicht dieser Zeitraum nicht aus. Es besteht also kein Zweifel daran, dass die Fähigkeiten unserer Vorfahren noch immer in uns schlummern.

Nach dieser siebenminütigen Pause können wir dem Spurenlesen wieder eine zentralere Rolle in unserem Leben einräumen. Doch wenn wir in den nächsten zwei Millionen Jahren im Einklang mit unserer tierischen, pflanzlichen und mineralischen Umgebung leben wollen, sollten wir jetzt damit anfangen.

Fährtenlesen in der heutigen Zeit

CyberTracker ist der Name einer Software, die in den 1990er-Jahren entwickelt wurde, um die Ortsbestimmung von Trittsiegeln auf kommunikationsfähigen Endgeräten zu ermöglichen. Ursprünglich von den einheimischen Fährtenlesern der Kalahari genutzt, kommt die CyberTracker-App mittlerweile auf der ganzen Welt in vielen verschiedenen Bereichen zum Einsatz: in der Bildung, bei der Suche und Rettung von Vermissten, bei der Bekämpfung der Wilderei, bei der Artenzählung sowie bei der wissenschaftlichen Erforschung von Reservaten, Nationalparks und Naturschutzgebieten.

Fährtenlesen hat heutzutage also einen praktischen Nutzen und ist nicht nur ein Werkzeug, mit dem man mehr über die Umwelt lernen kann. Das Software-Unternehmen mit dem seltsamen Namen bietet inzwischen auch Schulungen zum Spurenlesen und organisiert Evaluierungen vor Ort, die von zertifizierten Evaluierer:innen durchgeführt werden.

Die Evaluierungen fördern den Wettbewerb und den Lernprozess und legen zugleich objektive Kompetenzniveaus fest, anhand derer Fährtenleser:innen für bestimmte Aufgaben eingesetzt werden können.

Vokabular der Spurensuche

Die Begriffe der Spurensuche stammen aus zahlreichen Quellen:

- Volkstümliche Sprachen oder Dialekte, die regional und poetisch angehaucht sind und oft mündlich weitergegeben werden.
- Wissenschaftliche Fachsprachen, die ebenfalls eine gewisse Poesie auszeichnet, deren Gebrauch aber manche Bevölkerungsgruppen ausschließt.
- Umgangssprache, die im Alltag verwendet wird und für die meisten Menschen selbsterklärend ist.

In diesem Naturführer werden alle drei Register verwendet, wobei das wissenschaftliche Vokabular auf ein Minimum beschränkt und nach Möglichkeit durch häufig gebrauchte Wörter ersetzt wird. Manchmal werden zur Beschreibung der tierischen Anatomie bewusst anthropomorphe Begriffe wie »Hand, Fuß, große Zehe usw.« verwendet, um den Menschen nicht vom Rest des Tierreichs abzusondern. Dieses Vokabular bietet auch den Vorteil, dass es für alle verständlich ist.

Unsere Anatomie liefert uns Referenzen, mit denen wir im Gelände konkrete Vergleiche anstellen können, und ist ein praktisches Hilfsmittel, das wir immer »dabeihaben«.

Ausrichtung des Trittsiegels

Der vordere Bereich des Trittsiegels entspricht den Zehenspitzen und zeigt die Bewegungsrichtung des Tieres an.

Der hintere Bereich des Trittsiegels entspricht der Fuß- oder Handwurzel und zeigt in die Richtung, aus der das Tier kommt.

Der Innenbereich des Trittsiegels zeigt zum Körper des Tieres. Damit ist also die linke Hälfte des rechten Trittsiegels oder die rechte Hälfte des linken gemeint.

Der Außenbereich des Trittsiegels zeigt zu den Flanken des Tieres. Damit ist also die rechte Hälfte des rechten Trittsiegels oder die linke Hälfte des linken gemeint.

Zehengänger (Hund, Katze, Fuchs) und Sohlengänger (Bär, Dachs, Wald- und Wühlmaus)

Diese Tiere weisen die Besonderheit auf, dass sie sich beim Gehen ganz oder teilweise auf ihre Fußsohlen, Handflächen und Zehenspitzen stützen. Die Bereiche, die den Boden berühren, werden durch harte, verdickte und abgepolsterte Hautbezirke geschützt, die als »Ballen« bezeichnet werden.

Der Vorderfuß ist von den Krallen ausgehend wie folgt aufgebaut:

Der Hinterfuß ist von den Krallen ausgehend wie folgt aufgebaut:

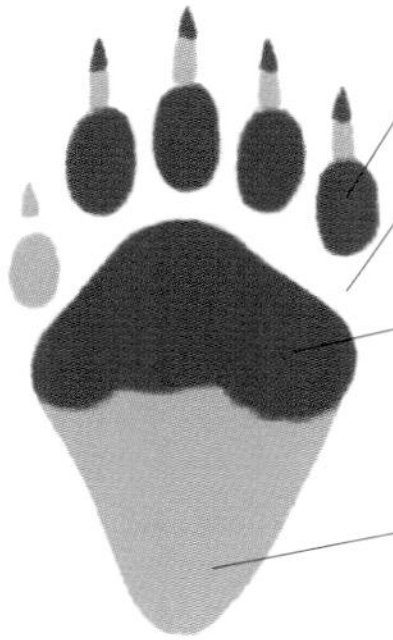

Paarhufer (Reh, Hirsch, Wildschwein)

Diese Tiere laufen auf ihren Zehenspitzen, genauer gesagt auf denen von Zehe 3 und 4. Im Laufe der Evolution verschwand die große Zehe; Zehe 2 und kleine Zehe wanderten weiter nach oben.

Die Klaue lässt sich wie folgt beschreiben:

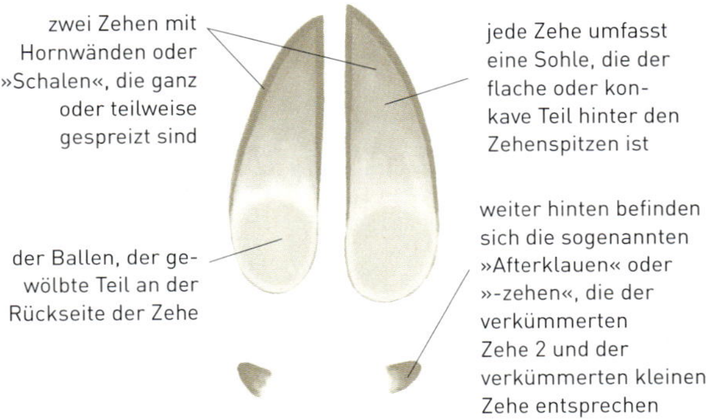

Vögel

Bei Vögeln sind die Hände zu Flügeln geworden, weshalb sie nur Fußabdrücke hinterlassen. Die kleine Zehe ist im Laufe der Evolution verschwunden. Die große Zehe ist manchmal völlig verkümmert und nicht abgebildet, aber bei den meisten Vögeln erscheint sie an der Rückseite des Trittsiegels.

Der Fuß oder Lauf lässt sich wie folgt beschreiben:

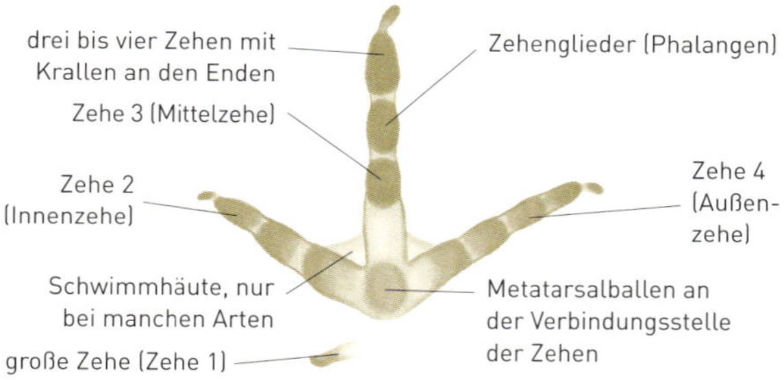

Gangarten

Die Gangart entspricht der Art und Weise, wie sich ein Tier fortbewegt, und zeigt seine Geschwindigkeit an.

Ein Wechsel ist ein Weg, der regelmäßig von einer oder mehreren Tierarten benutzt wird, sodass die Vegetation zurückgedrängt und die Erde gelegentlich freigelegt wird.

Wenn alle vier Füße eines Tieres auf dem Boden zu sehen sind, kann man daraus die Geschwindigkeit und die Gangart des Tieres ableiten. So eine Trittsiegelgruppe nennt man »Fährte«.

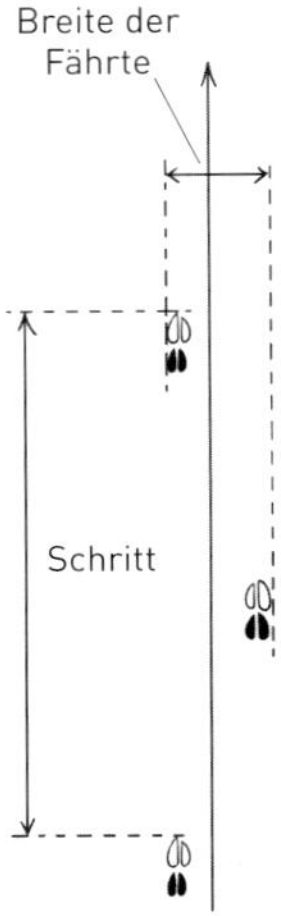

Die Breite der Fährte entspricht dem Abstand zwischen den Außenseiten der rechten Trittsiegel und den Außenseiten der linken Trittsiegel.

Der Abstand zwischen der Vorderseite des rechten Fußes und der Vorderseite desselben rechten Fußes im nächsten Trittsiegel ist der Schritt. (Man misst immer die rechte oder linke Seite.)

Die Achse ist die vorgestellte Mittellinie in der Mitte der Fährte.

Die vier häufigsten Gangarten sind:

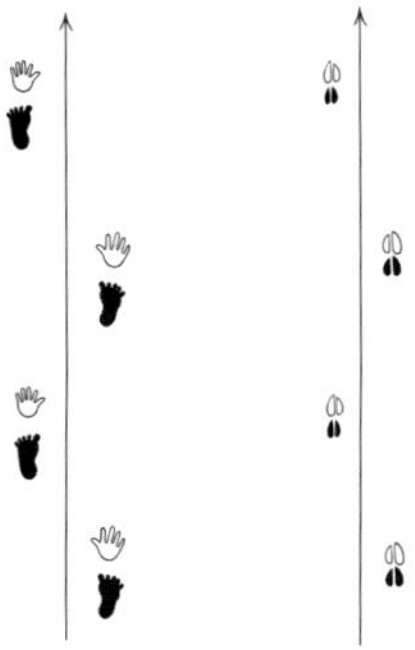

- **Schritt,** langsame Fortbewegungsart mit kurzem Schritt und breiter Fährte. Der rechte Hinterfuß wird hinter den rechten Vorderfuß oder auf den Abdruck des rechten Vorderfußes gesetzt (dasselbe gilt für die linke Seite). Wenn der Hinterfuß genau auf dem Vorderfuß landet, sagt man, dass das Tier »direkt registriert«, oder man spricht vom »Fuß-in-Fuß-Schritt«.

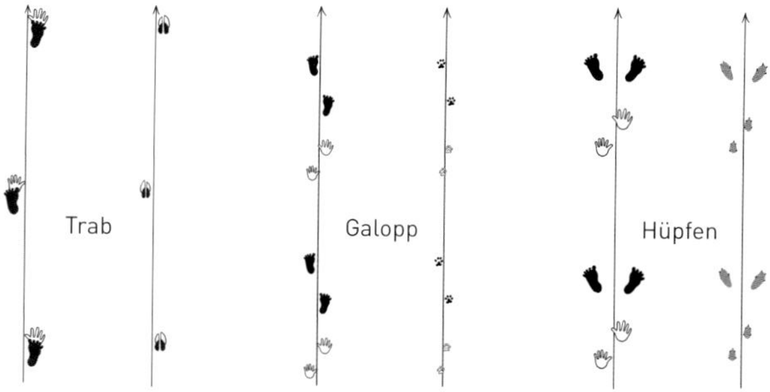

- **Trab,** bei dem der Schritt länger und die Fährte schmaler wird. Der rechte Hinterfuß wird auf das Trittsiegel des rechten Vorderfußes gesetzt und »trifft« dieses teilweise, ganz oder überholt es. Der Trab zeichnet sich durch eine kurze Flugphase aus, in der kein Fuß den Boden berührt.
- **Galopp,** der größte Schritt. Die Vorderfüße berühren den Boden zuerst und werden von den Hinterfüßen überholt. Der Galopp besteht aus zwei Flugphasen, in denen das Tier keinen Bodenkontakt hat. Die vier Füße befinden sich in der einen Phase alle zusammen unter dem Tier und werden in der anderen ausgestreckt.
- **Hüpfen,** eine Fortbewegungsart, die mitunter von allen Tieren genutzt wird und für einige Tiere die einzig mögliche Gangart ist (Kaninchen, Hasen). Die Vorderfüße berühren den Boden vor den Hinterfüßen, die weiter vorne parallel aufsetzen. Der Abstand zwischen Gruppen von vier Trittsiegeln vergrößert sich mit zunehmender Geschwindigkeit des Tieres.

Vokabular für Ausscheidungen

Üblicherweise werden in Bezug auf die Form drei Kategorien von Ausscheidungen (Losungen) unterschieden:

- Kotkugeln oder -pellets werden immer mit Tieren in Verbindung gebracht, die sich überwiegend von Pflanzen ernähren. Kotpillen sind die offensichtliche Hinterlassenschaft kleiner Nagetiere.
- Wurst- und walzenförmige Losungen werden Tieren zugeordnet, die überwiegend Fleisch- oder Allesfresser sind. Wurstförmige Exkremente sind für Kaniden (Hunde und hundeartige Tiere) und kleine Marder, walzenförmige für Katzen charakteristisch.
- Haufen oder Fladen sind an keine bestimmte Ernährungsweise gebunden, sondern können potenziell von allen Tieren stammen, deren Ausscheidungen aufgrund der zuletzt aufgenommenen Nahrung oder des Gesundheitszustands vorübergehend formlos werden.

Die Losungen von Fleischfressern werden in drei Teile gegliedert:

- Das stumpfe Ende wird zuerst ausgeschieden und entspricht dem ältesten Nahrungsrest. Dieser Teil ist in der Regel rundlich und härter und trockener als der Rest der Losung, da er länger im Darm war und ein Teil der in ihm enthaltenen Flüssigkeit vom Körper aufgenommen wurde.

- Der Mittelteil der Losung kann verdreht, glatt, unregelmäßig oder segmentiert sein. Hier finden sich Reste der zuletzt aufgenommenen Nahrung, die manchmal nach außen hin sichtbar sind.
- Das spitze Ende ist der zuletzt ausgeschiedene Teil, an dem sich der Schließmuskel schließt, sodass eine spitze Form entsteht. Bei Kaniden enthält er häufig Haare.

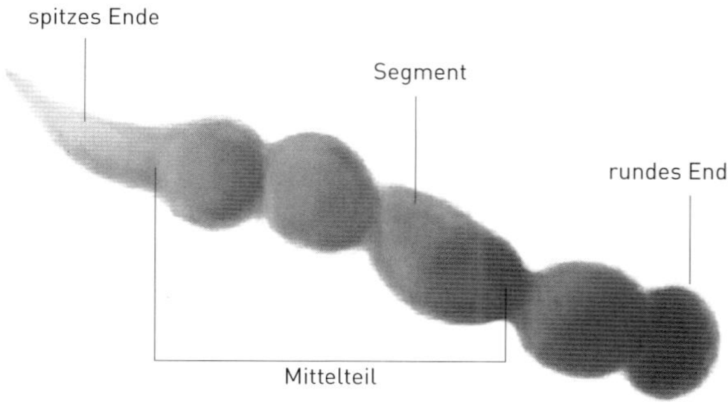

Vermeiden Sie es, mit bloßen Händen die Ausscheidungen von Fleischfressern oder Nagetieren zu berühren oder daran zu riechen, da sie Parasiten und lebensbedrohliche respiratorische Viren (Hantavirus, Echinokokkus) übertragen können.

Weitere Informationen

Übersicht über Angebote zum Spuren- und Fährtenlesen
Deutschland: wildnis-schulen.de
Österreich: wildnet.earth/de
Schweiz: naturschutz.ch/tipps/weiterbildung

Ausbildungen zum Fährtenlesen in Europa
coureurdesbois.net/ateliers-et-stages-de-pistage
extrabushcraft.nl/english
woodcraftschool.co.uk/bushcraft-natural-history-courses

Website europäischer Fährtenleser:innen:
europeanwildlifetracking.com

Cybertracker international:
cybertracker.org

Websites zur Artenvielfalt in den Nationalparks:
Deutschland: bmuv.de/themen/naturschutz-artenvielfalt/naturschutz-biologische-vielfalt/gebietsschutz-und-vernetzung/nationale-naturlandschaften/nationalparke/parkvorstellung
Österreich: nationalparksaustria.at/de
Schweiz: parks.swiss/de/die_schweizer_paerke

Vogelschutz:
nabu.de/tiere-und-pflanzen/voegel

Naturführer zu Tierspuren

Basic Tierspuren, Frank Hecker, Kosmos, 2022

Tierspuren Europas, Joscha Grolms, Ulmer Eugen Verlag, 2021

Der Kosmos Vogelführer, Lars Svensson, Killian Mullarney, Dan Zetterström, Kosmos, 2023

Fährten- und Spurenkunde, Andreas David, Kosmos, 2019

Essays und Romane

Der Fährtensucher, Tom Brown, William J. Watkins, Knaur, 1989

Ways of Being Alive, Baptiste Morizot, Polity, 2022

Philosophie der Wildnis oder Die Kunst, vom Weg abzukommen, Baptiste Morizot, Reclam, 2020

Ein Jahr im Sand County, Aldo Leopold, Matthes & Seitz, 2019

Stone Age Economics, Marshall Sahlins, Routledge, 1972

Im Bann der sinnlichen Natur, David Abram, ThinkOya, 2015

Vorne

L 8–10 cm

B 6–8 cm

Hinten

L 8–10 cm

B 6–8 cm

5 Zehen (4 abgedrückt, 1 weiter oben)
Abgedrückter Mittelhandballen
und Handwurzelballen weiter oben

4 abgedrückte Zehen
Mittelfußballen abgedrückt,
kein Fußwurzelballen

Aussehen

Das vordere Trittsiegel ist rund bis oval und das hintere oval. Vier abgedrückte, auseinanderstehende Zehen. Die beiden mittleren Zehen stehen enger zusammen als die anderen. Der Mittelhandballen bildet ein Dreieck mit abgerundeten Ecken und ist so groß wie drei Zehen. Der Mittelfußballen hat eine ovale bis dreieckige Form und ist so groß wie zwei Zehen. Die Krallen sind oft spitzer als die eines Hundes und zeigen in die Bewegungsrichtung.

Bevorzugte Gangarten

Trab, Schritt.

Lebensraum

Gebirge und große Wälder.

Wissenswertes

Seine Trittsiegel sind schwer von denen größerer Hunde zu unterscheiden. Die Fährte eines Wolfes weicht jedoch deutlich von der eines Hundes ab. Der Wolf bewegt sich sehr energiesparend und trabt dutzende Kilometer auf gerader Strecke, wohingegen man an der unregelmäßigen, kurvenreichen Fährte des Hundes erkennen kann, dass er seine Mahlzeiten in sicheren, regelmäßigen Abständen erhält.

Wolf

Canis lupus

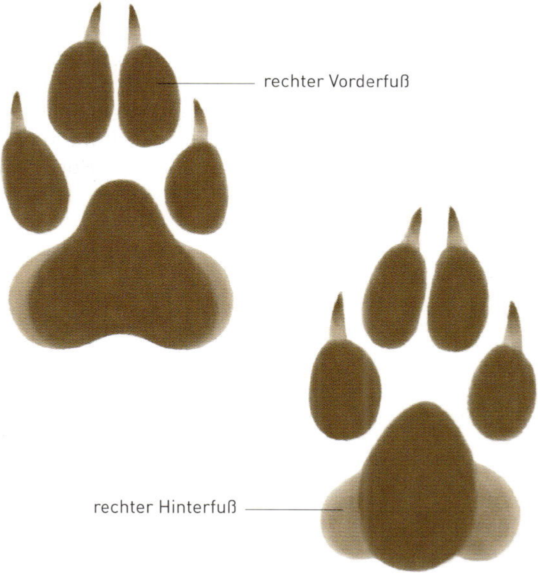

Fortpflanzungszeit

J	F	M	A	M	J	J	A	S	O	N	D

Geburtszeit

J	F	M	A	M	J	J	A	S	O	N	D

Vorne

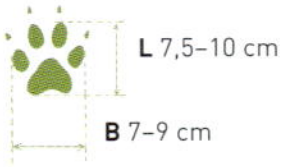

Hinten

5 Zehen (4 abgedrückt, 1 weiter oben)
Mittelhandballen abgedrückt
und Handwurzelballen weiter oben

4 abgedrückte Zehen
Mittelfußballen abgedrückt,
kein Fußwurzelballen

Aussehen

Vorder- und Hinterpfote rundlich geformt, vorne jedoch runder und dicker. Die vier Zehen der Vorderpfote stehen sehr asymmetrisch und die der Hinterpfote fast symmetrisch ab. Mittelhand- und Mittelfußballen verfügen über drei Lappen an der unteren Kante und zwei an der oberen. Die vier Zehen könnten flächenmäßig in die Form des Mittelhand- und Mittelfußballens passen. Sehr scharfe Krallen, die sich in der Regel nicht abdrücken, außer auf rutschigem Boden oder bei der Jagd.

Bevorzugte Gangart

Schritt.

Lebensraum

Große Wälder und Gebirge, u. a. in Ostbayern, dem Harz, dem Pfälzer Wald, Vorarlberg, dem Nationalpark Kalkalpen, dem Jura und in den Alpen.

Wissenswertes

Wie die Katze »registriert« auch der Luchs direkt beim Gehen (siehe Katze, Seite 100). Luchse sind sowohl tag- als auch nachtaktiv und jedes Individuum weist ein einzigartiges, geflecktes Fellmuster auf. Im Neuschnee sind die Trittsiegel dieses unauffälligen Tieres besonders gut zu erkennen.

Luchs

Lynx lynx

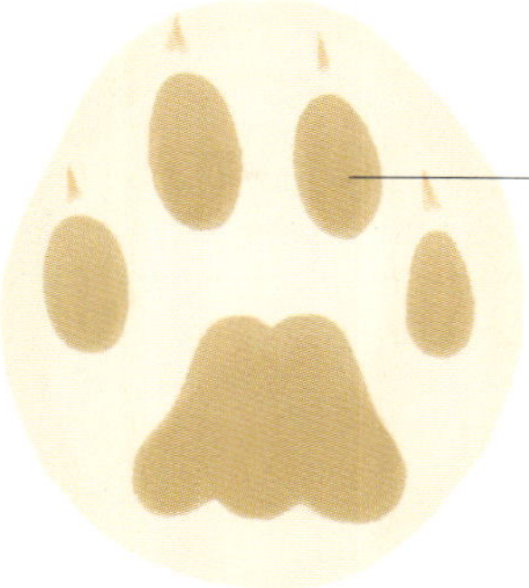

rechter Vorderfuß

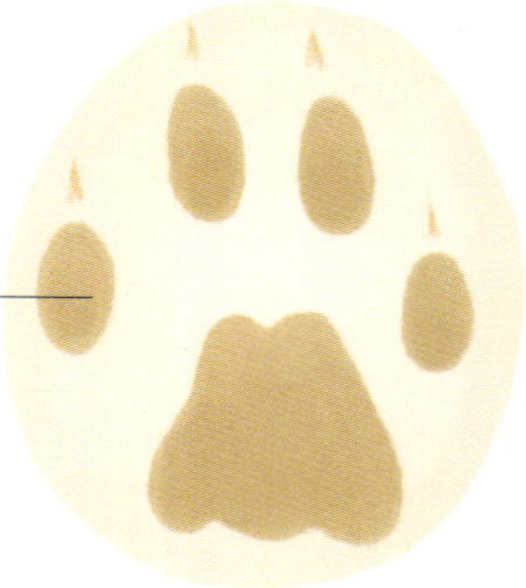

rechter Hinterfuß

Fortpflanzungszeit

J	**F**	**M**	**A**	M	J	J	A	S	O	N	D

Geburtszeit

J	F	M	**A**	**M**	**J**	J	A	S	O	N	D

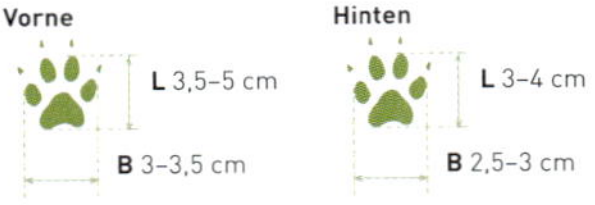

5 abgedrückte Zehen
Mittelhand- und Handwurzelballen abgedrückt

5 abgedrückte Zehen
Mittelfußballen abgedrückt, kein Fußwurzelballen

Aussehen

Ähnelt dem Trittsiegel einer Katze, aber mit einem viel stärker ausgeprägten Negativbereich zwischen den Zehen und dem Mittelhand- oder Mittelfußballen. Vier Zehen drücken sich deutlich ab, die fünfte (große Zehe) ist verwaschener und liegt weiter hinten. Die Mittelhand- und Mittelfußballen weisen eine asymmetrische Halbmondform auf, die zur großen Zehe hin länger ist. Der Handwurzelballen drückt sich auf weichem Boden ab. Kurze, scharfe Krallen, die häufig abgebildet werden.

Bevorzugte Gangarten

Kleiner Galopp, Hüpfen.

Lebensraum

Der Marder lebt in Wäldern und der Steinmarder in Landwirtschaftszonen.

Wissenswertes

Der Marder ist fast ausschließlich Baumbewohner und hat eine Vorliebe für Kiefernwälder. Bei der Jagd in Bäumen ist er sehr geschickt und ein gefürchteter Feind des Eichhörnchens. Seine Pfoten sind mit einem viel dichteren Fell bedeckt als die des Steinmarders. Der Steinmarder lebt lieber im Flachland und in der Nähe von Siedlungen, wo er sich von an Land lebenden Beutetieren ernährt.

Marder und Steinmarder

Martes martes und *Martes foina*

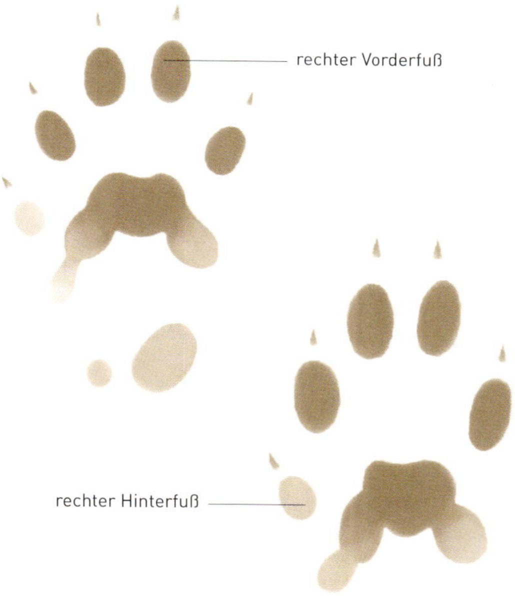

Fortpflanzungszeit

J	F	M	A	M	J	J	A	S	O	N	D
						x	**x**				

Geburtszeit

J	F	M	A	M	J	J	A	S	O	N	D
			x	**x**							

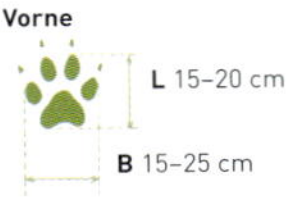

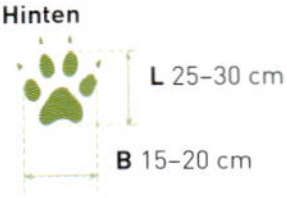

5 abgedrückte Zehen
Mittelhand- und Handwurzelballen abgedrückt

5 abgedrückte Zehen
Mittelfußballen abgedrückt, Fußwurzelballen erkennbar, mit vorderem Mittelfußballen verwachsen

Aussehen

Erinnert an einen menschlichen Fuß. Das hintere Trittsiegel ist länger als das vordere. Die Zehen bilden einen leichten Bogen, vier sind deutlich erkennbar und die fünfte (große Zehe) ist vorne und hinten verwaschener. Der Mittelhandballen sieht aus wie eine horizontale Wurst; der runde Handwurzelballen drückt sich nicht immer ab. Der Mittelfußballen ist mit dem Fußwurzelballen verwachsen. Vorne lange Krallen, hinten kürzere. Ihre Länge ist je nach Individuum sehr unterschiedlich.

Bevorzugte Gangarten

Schritt, kleiner Galopp.

Lebensraum

Pyrenäen und Osteuropa.

Wissenswertes

Die Abdrücke seiner Krallen und Zähne kann man gut an sogenannten »Scheuerbäumen« erkennen, an denen er sich gern reibt. Von November bis März halten Bären Winterschlaf, kommen jedoch an wärmeren Tagen manchmal aus ihrer Höhle, vor allem die Männchen.

Braunbär

Ursus arctos

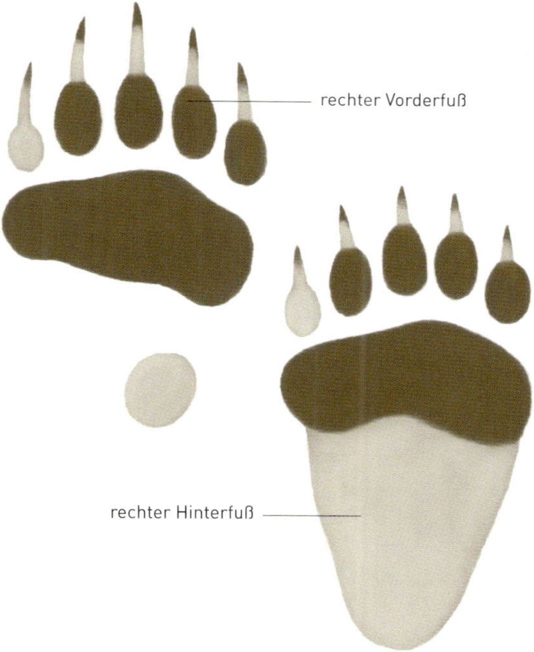

Fortpflanzungszeit

J	F	M	A	**M**	**J**	J	A	S	O	N	D

Geburtszeit

J	**F**	M	A	M	J	J	A	S	O	N	D

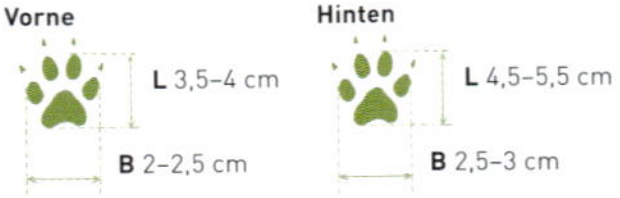

4 abgedrückte Zehen und 1 nicht abgedrückte, verkümmerte Zehe (große Zehe)
Mittelhand- und Handwurzelballen abgedrückt

5 abgedrückte Zehen
Mittelfußballen abgedrückt, mit Fell überzogene Ferse manchmal sichtbar

Aussehen

Das länglich geformte hintere Trittsiegel ist 1,5-mal so groß wie das vordere. Am vorderen sind vier Zehen erkennbar: Zwei stehen enger zusammen und zeigen nach vorne, zwei liegen weiter hinten an den Seiten. Die Hinterpfote umfasst fünf Zehen: Zehe 2, 3 und 4 liegen auf derselben Höhe, große und kleine Zehe weiter hinten an den Seiten. Die Vorderpfote weist drei Mittelhandballen und zwei separate Handwurzelballen auf. Hinten werden zwei Mittelfußballen abgedrückt. Die Krallen sind oft abgebildet.

Bevorzugte Gangart

Hüpfen.

Lebensraum

Wälder, Parks und Gärten.

Wissenswertes

Das Eichhörnchen gehört zu den wenigen tagaktiven Tieren, weshalb es in seinem Lebensraum, dem Wald, leicht zu beobachten ist. Es kehrt oft an denselben erhöhten Platz zurück, um Kastanien, Bucheckern sowie Fichten- oder Kiefernzapfen zu fressen, deren Überreste seine Anwesenheit verraten.

Eurasisches Eichhörnchen

Sciurus vulgaris

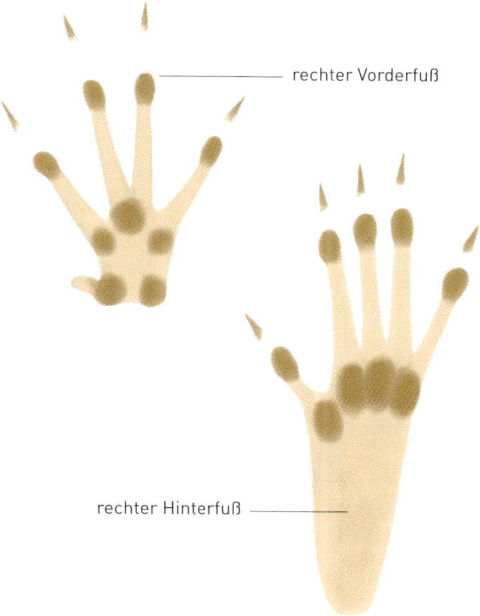

Fortpflanzungszeit

J	F	M	**A**	**M**	J	J	A	S	O	N	**D**

Geburtszeit

J	**F**	**M**	**A**	**M**	**J**	J	A	S	O	N	D

Vorne

Hinten

4 abgedrückte Zehen und 1 nicht abgedrückte, verkümmerte Zehe (große Zehe)
Mittelhand- und Handwurzelballen abgedrückt

5 abgedrückte Zehen
Mittelfußballen abgedrückt, Fußwurzelballen i. d. R. nicht abgebildet

Aussehen

Die Vorder- und Hinterpfote sind asymmetrisch. Das vordere Trittsiegel ist kleiner als das hintere. Zehen und Ballen werden als separate Punkte abgedrückt. Vorne vier fächerförmig gespreizte und hinten fünf Zehen, wobei Zehe 2, 3 und 4 auf derselben Höhe und die große und die kleine Zehe weiter hinten an den Seiten liegen. Die Vorderpfote weist drei Mittelhandballen und zwei separate Handwurzelballen auf. An der Hinterpfote sind zwei Mittelfußballen erkennbar. Die Krallen drücken sich oft ab.

Bevorzugte Gangart

Hüpfen.

Lebensraum

Wälder, Landwirtschaftszonen und Siedlungen.

Wissenswertes

Kommt sehr häufig vor, aber um ihre Trittsiegel zu sehen, braucht es einen Boden mit sehr feiner Körnung wie Lehm, Schnee oder Staub auf dem Dachboden. Ihre Trittsiegel sind kleiner als die der Gelbhalsmaus, sehen aber sehr ähnlich aus. Manchmal drücken sich bei der Gelbhalsmaus zwei Fußwurzelballen ab.

Waldmaus

Apodemus sylvaticus

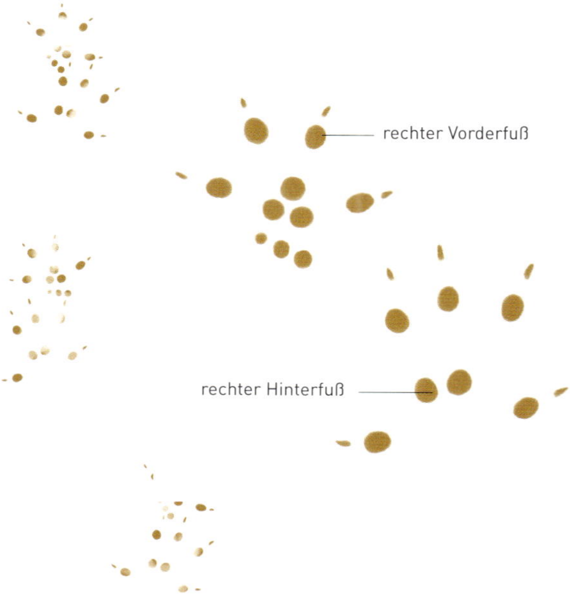

Fortpflanzungszeit

J	F	M	A	M	J	J	A	S	O	N	D

Geburtszeit

J	F	M	A	M	J	J	A	S	O	N	D

Vorne

L 6–9 cm

B 4–6 cm

Hinten

L 5–8 cm

B 4–6 cm

2 abgedrückte Zehen (Zehe 3 und 4) und 2 gelegentlich abgedrückte Zehen weiter oben (Zehe 2, kleine Zehe)

2 abgedrückte Zehen (Zehe 3 und 4) und 2 selten abgedrückte Zehen (Zehe 2, kleine Zehe)

Aussehen

Spitzes Trittsiegel, das hintere Trittsiegel ist etwas runder und kleiner. Zwei sichtbare, vollständig gespreizte Schalen mit relativ spitzen Enden. Die Außenzehe (Zehe 4) ist in der Regel kräftiger. Die Ballen machen knapp ein Drittel des Trittsiegels aus. Die Afterklauen des Vorderfußes, seltener die des Hinterfußes, drücken sich im Galopp und auf weichem Boden ab.

Bevorzugte Gangarten

Schritt, Trab.

Lebensraum

Große Wälder und Berge.

Wissenswertes

Die Anwesenheit des Hirsches ist sowohl an seinen tiefen Trittsiegeln als auch an den Spuren zu erkennen, die er an Bäumen hinterlässt (siehe Scheuerstellen von Hirschen, Seite 134). Das Trittsiegel des Hirsches, das manchmal schwer von dem des Wildschweins zu unterscheiden ist, ist immer der ganzen Länge nach gespalten und die Schrittlänge des Hirsches beträgt zwischen 80 und 150 cm, die des Wildschweins durchschnittlich 40 cm.

Rothirsch

Cervus elaphus

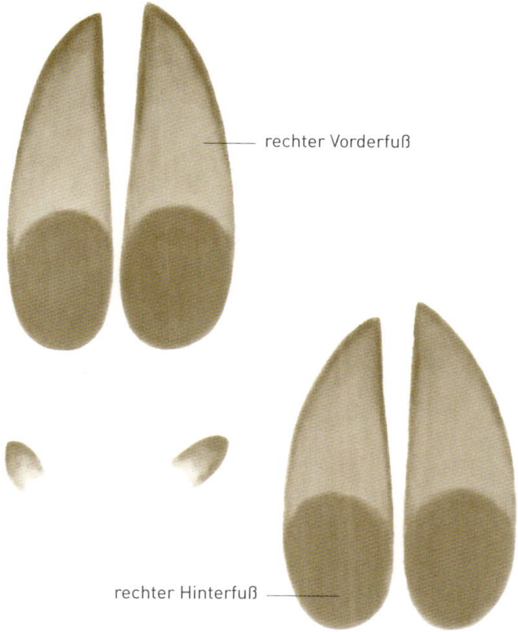

Fortpflanzungszeit

J	F	M	A	M	J	J	A	S	O	N	D
								S	**O**		

Geburtszeit

J	F	M	A	M	J	J	A	S	O	N	D
			A	**M**							

Vorne

L 6–8 cm

B 4–5 cm

Hinten

L 5–6 cm

B 3–4 cm

2 abgedrückte Zehen (Zehe 3 und 4) und 2 gelegentlich abgedrückte Zehen weiter oben (Zehe 2 und kleine Zehe)

2 abgedrückte Zehen (Zehe 3 und 4) und 2 selten abgedrückte Zehen weiter oben (Zehe 2, kleiner Zeh)

Aussehen

Länglich-spitze Trittsiegel, wobei das hintere etwas schmaler und kürzer ist. Zwei gut erkennbare Schalen mit weicher Spitze und vollständig gespreizt. Die Außenzehe (Zehe 4) ist in der Regel kräftiger. Die Ballen machen fast die Hälfte des Abdrucks aus. Die Afterklauen des Vorderfußes, seltener die des Hinterfußes, drücken sich im Galopp und auf weichem Boden ab.

Bevorzugte Gangarten

Schritt, Trab.

Lebensraum

Wälder.

Wissenswertes

Damhirsche wurden in Deutschland eingebürgert und leben inzwischen größtenteils in freier Wildbahn. Sie sind größer und schwerer als Rehe und ihre Trittsiegel eignen sich gut für die Fährtensuche und insbesondere für die Treibjagd, da sie auf der Laubstreu im Wald gut erkennbar sind.

Damhirsch

Dama dama

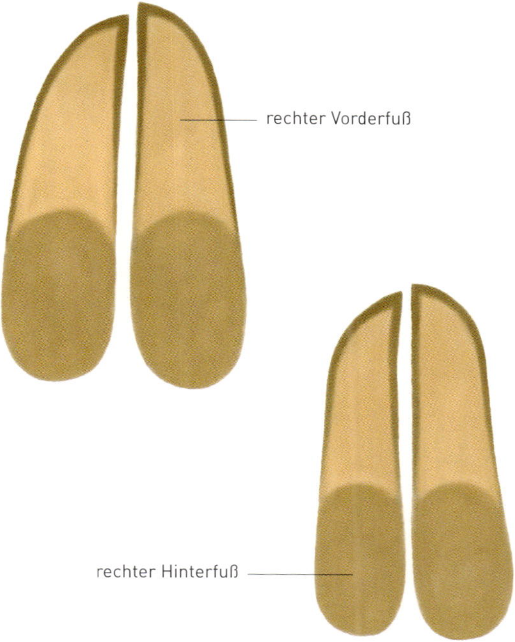

Fortpflanzungszeit

J	F	M	A	M	J	J	A	S	**O**	**N**	D

Geburtszeit

J	F	M	A	M	**J**	J	A	S	O	N	D

Vorne

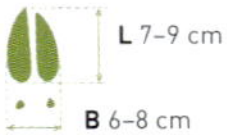

Hinten

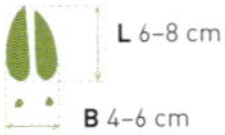

2 abgedrückte Zehen (Zehe 3 und 4) und 2 gelegentlich abgedrückte Zehen weiter oben (Zehe 2, kleine Zehe)

2 abgedrückte Zehen (Zehe 3 und 4) und 2 selten abgedrückte Zehen weiter oben (Zehe 2, kleine Zehe)

Aussehen

Massives Aussehen, wobei das vordere Trittsiegel in ein Quadrat und das hintere in ein Rechteck passen würde. Die Vorderklauen sind größer als die hinteren. Zwei erkennbare Schalen, die am Ende zangenförmig nach innen gebogen sind. Sie sind bis zur Hälfte gespreizt und an der Rückseite zusammengewachsen. Die äußere Schale (Zehe 4) ist in der Regel länger. Die Afterklauen (Zehe 2 und kleine Zehe) drücken sich häufig ab und befinden sich deutlich außerhalb der Schalen.

Bevorzugte Gangarten

Schritt, Trab.

Lebensraum

Wälder, Landwirtschaftszonen, Berge.

Wissenswertes

Häufig erkennt man die Anwesenheit des Wildschweins an den Schlammlöchern, die es hinterlässt, wenn es die Erde auf der Suche nach Samen, Wirbellosen und Kleinsäugern mit seiner Schnauze umwühlt. Die »Suhlen« sind die Schlammtümpel, in denen sich das Wildschwein badet und manchmal einen Abdruck seines Profils hinterlässt.

Wildschwein

Sus scrofa

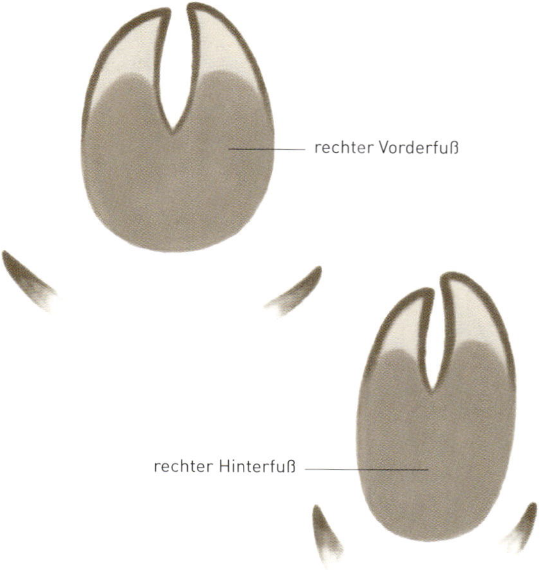

Fortpflanzungszeit

J	F	M	A	M	J	J	A	S	O	N	D

Geburtszeit

J	F	M	A	M	J	J	A	S	O	N	D

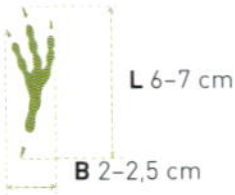

4 abgedrückte Zehen
Zehe 1, 2, 3, 4

Aussehen

Drei eng zusammenstehende Vorderzehen und eine Hinterzehe, die zusammen wie eine Gabel aussehen. Mehrere abgedrückte Zehenglieder: zwei an der großen Zehe und drei an Zehe 2, 3 und 4. Die vier dünnen Krallen werden häufig abgedrückt. Die drei Vorderzehen stehen eng zusammen, doch Zehe 3 liegt – wie bei anderen Rabenvögeln auch – näher an Zehe 2 als an Zehe 4. Der Eichelhäher bewegt sich lieber hüpfend als laufend.

Bevorzugte Gangarten

Direkter Flug über kurze Entfernungen. Hüpfen.

Lebensraum

In der Nähe von Eichen in Mischwäldern und Parks.

Wissenswertes

Als Wächter des Waldes warnt der Eichelhäher mit seinem lauten, näselnden Ruf andere Tiere vor uns oder vor Raubtieren aus der Luft wie dem Bussard. Seine lauten Schreie sind weithin hörbar. Vorausschauend lagert er Eicheln in Verstecken für den Winter.

Eichelhäher

Garrulus glandarius

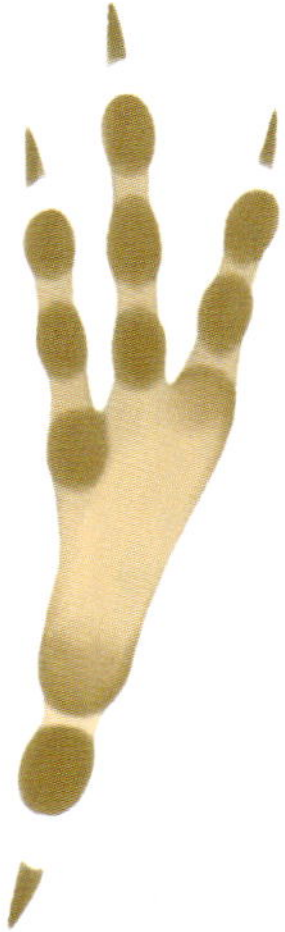

Nistzeit

J	F	M	A	M	J	J	A	S	O	N	D

Schlüpfzeit

J	F	M	A	M	J	J	A	S	O	N	D

4 abgedrückte Zehen
Zehe 1, 2, 3, 4

Aussehen

Typische Sperlingsfußabdrücke mit drei Vorderzehen und einer Hinterzehe. Mehrere abgedrückte Zehenglieder: zwei an der großen Zehe, drei an Zehe 2 und 3 sowie vier an Zehe 4. Die vier Krallen drücken sich tief ab. Zehe 3 liegt immer näher an Zehe 2 als an Zehe 4, was typisch für Rabenvögel ist. Im Laufen schleift die Kralle der großen Zehe hinterher und hinterlässt eine Furche hinter dem Abdruck.

Bevorzugte Gangarten

Langer Gleitflug oder langsamer Schlagflug. Laufen und Hüpfen.

Lebensraum

Berge, Klippen und Flachland in ganz Deutschland, Österreich und der Schweiz.

Wissenswertes

Kolkraben sind die größten einheimischen Rabenvögel und an ihrem besonders tiefen »Kro, kro« zu erkennen. Ihre häufigen Rufe sind sehr vielseitig und dienen zur Kommunikation mit dem Partner oder der Partnerin, dem oder der sie ein Leben lang treu sind.

Kolkrabe

Corvus corax

Nistzeit

J	F	**M**	**A**	**M**	J	J	A	S	O	N	D

Schlüpfzeit

J	F	M	**A**	**M**	J	J	A	S	O	N	D

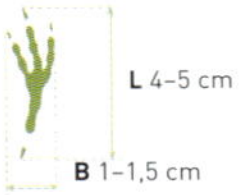

4 abgedrückte Zehen
Zehe 1, 2, 3, 4

Aussehen

X-förmige Trittsiegel mit vier Zehen, von denen zwei nach vorne und zwei nach hinten zeigen. Jede Zehe hat ein rundes, gewölbtes Ende und eine Kralle, die etwa 2 mm vor der Zehe abgedrückt wird. Die beiden Innenzehen sind am kürzesten; die hintere entspricht der großen Zehe und die vordere Zehe 2. An der Außenseite zeigt Zehe 3 nach vorne und ist länger als die nach hinten zeigende Zehe 4. Erinnert an das Trittsiegel eines nachtaktiven Raubvogels, nur kleiner und schlanker.

Bevorzugte Gangart

Wellenflug, der sich mit starkem Flügelschlag und Gleitflug abwechselt.

Lebensraum

Waldränder und Flachland.

Wissenswertes

Das sichtbarste Zeichen für die Anwesenheit des Buntspechts ist die »Spechtschmiede«, eine Spalte im Baum, in die er Nüsse und Zapfen klemmt, auf die er mit seinem Schnabel hämmert. Man findet sie anhand der Überreste, die sich unten auf dem Boden ansammeln.

Buntspecht

Dendrocopos major

Nistzeit

J	F	M	**A**	**M**	**J**	**J**	A	S	O	N	D

Schlüpfzeit

J	F	M	A	**M**	**J**	**J**	A	S	O	N	D

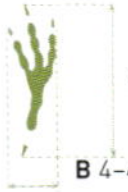

Aussehen

Typische Trittsiegel eines tagaktiven Raubvogels mit drei Vorderzehen und einer Hinterzehe mit jeweils dünnen, scharfen Krallen. Abgedrückte Zehenballen: einer an Zehe 1 und 2, drei an Zehe 3 und zwei an Zehe 4. Kleine Schwimmhaut zwischen Zehe 3 und 4. Zehe 1 und 2 sind dicker als die anderen. Gleiche Abstände zwischen den drei Vorderzehen.

Bevorzugte Gangart

Direkter und schneller Pirschflug.

Lebensraum

Wälder, Waldränder, Landwirtschaftszonen und Städte.

Wissenswertes

Jagt fast ausschließlich kleine Sperlingsvögel vom Ansitz aus und erreicht während des Flugs mehr als 70 km/h. Oft zwei erkennbare Rupfplätze, einer am Ort des Fangs in offenem Gelände und der andere etwas geschützter am Waldrand oder in erhöhter Lage. Kann Vögel bis zur Größe einer Taube fangen.

Sperber

Accipiter nisus

Nistzeit

J	F	M	A	M	J	J	A	S	O	N	D
			■	**■**							

Schlüpfzeit

J	F	M	A	M	J	J	A	S	O	N	D
				■	**■**						

5 abgedrückte Zehen
Mittelhand- und Handwurzelballen abgedrückt

5 abgedrückte Zehen
Mittelfuß- und Fußwurzelballen abgedrückt

Aussehen

Ähnelt dem Trittsiegel einer großen Katze, doch der Negativbereich zwischen Zehen und Mittelballen ist viel stärker ausgeprägt. Vier Zehen sind deutlich erkennbar, die fünfte (große Zehe) ist verwaschener und liegt weiter hinten. Die Zehen sind tropfenförmig. Der Mittelhandballen sieht aus wie ein asymmetrischer Halbmond, der zur großen Zehe hin länger ist. Der Handwurzelballen drückt sich häufig ab. Der längliche Mittelfußballen ist mit dem schwächer abgedrückten Fußwurzelballen verwachsen. Kurze Krallen, Schwimmhäute zwischen allen Zehen.

Bevorzugte Gangart

Hüpfen.

Lebensraum

Wasserläufe.

Wissenswertes

Der Fischotter hinterlässt in der Nähe der von ihm aufgesuchten Wasserläufe alle möglichen Spuren: Fisch- und Weichtierreste, moschusartig riechenden Kot, mit dem er sein Revier markiert, aber auch Scheuerstellen im Sand, in dem er sich zur Fellreinigung wälzt.

Fischotter

Lutra lutra

Fortpflanzungszeit

J	F	M	A	M	J	J	A	S	O	N	D

Geburtszeit

J	F	M	A	M	J	J	A	S	O	N	D

Vorne

L 6–7 cm

B 4–5 cm

Hinten

L 15–18 cm

B 9–10 cm

4 abgedrückte Zehen und 1 schwach abgedrückte Zehe (große Zehe)
Mittelhand- und Handwurzelballen abgedrückt

5 abgedrückte Zehen
Mittelfuß- und Fußwurzelballen abgedrückt

Aussehen

Das vordere Trittsiegel ist viel kleiner als das hintere und erinnert an eine Kinderhand. Vorne vier gut erkennbare, gespreizte Zehen ohne Schwimmhäute, wobei die fünfte seltener abgedrückt wird. Hinten fünf fächerförmig angeordnete Zehen, von denen sich zwei deutlicher abdrücken (Zehe 3 und 4). Schwimmhäute an allen fünf Zehen. Ein Mittelhandballen und zwei Handwurzelballen werden schwach abgebildet. Im hinteren Trittsiegel drücken sich keine Ballen ab. Vorne gut sichtbare Krallen und hinten zwei mittige Krallen, die deutlicher zu erkennen sind.

Bevorzugte Gangart

Gehen.

Lebensraum

Seen, Sümpfe, Kanäle, Wasserläufe.

Wissenswertes

Er gräbt seinen Bau an Uferböschungen und legt Eingänge unter Wasser sowie mit Ästen abgedeckte Luftschächte an. Er baut Dämme, um den Wasserpegel ansteigen zu lassen und sich Zugang zu einem größeren Sammlungsgebiet zu verschaffen.

Europäischer Biber

Castor fiber

In Wasser-nähe

Fortpflanzungszeit

J	**F**	**M**	A	M	J	J	A	S	O	N	D

Geburtszeit

J	F	M	**A**	**M**	**J**	J	A	S	O	N	D

Vorne

L 5,5–6 cm

B 4,5–5 cm

Hinten

L 12–13 cm

B 6–7 cm

4 abgedrückte Zehen und 1 verkümmerte, schwach abgedrückte Zehe (große Zehe) Mittelhand- und Handwurzelballen abgedrückt

5 abgedrückte Zehen Mittelfuß- und Fußwurzelballen abgedrückt

Aussehen

Das vordere Trittsiegel ist viel kleiner als das hintere und die Zehen sind stark kronenförmig gespreizt. Vorne vier gespreizte Zehen ohne Schwimmhäute und hinten fünf fächerförmig angeordnete Zehen, von denen vier durch Schwimmhäute miteinander verbunden sind. Drei Mittelhandballen und zwei Mittelfußballen drücken sich schwach ab. Zwei Handwurzelballen sind deutlich sichtbar; die Fußwurzelballen sind undeutlich zu erkennen. Die Krallen werden immer abgebildet.

Bevorzugte Gangart

Gehen.

Lebensraum

Seen, Sümpfe, Kanäle, Wasserläufe.

Wissenswertes

Die Eingänge zu den Gängen befinden sich meist über oder halb im Wasser. An schlammigen Ufern hinterlässt der Schwanz der Biberratte eine gut sichtbare Spur in der Mitte der Fährte. Die charakteristische orangefarbene Färbung der Schneidezähne ist auf den eisenreichen Zahnschmelz zurückzuführen.

Biberratte oder Nutria

Myocastor coypus

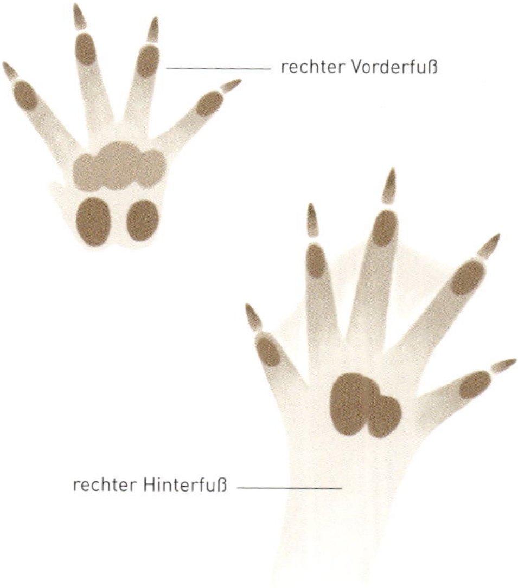

Fortpflanzungszeit

J	F	M	A	M	J	J	A	S	O	N	D

Geburtszeit

J	F	M	A	M	J	J	A	S	O	N	D

Vorne Hinten

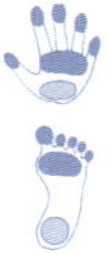

4 abgedrückte Zehen und 1 verkümmerte, schwach abgedrückte Zehe (große Zehe) Mittelhand- und Handwurzelballen abgedrückt

5 abgedrückte Zehen Mittelfuß- und Fußwurzelballen abgedrückt

Aussehen

Das vordere Trittsiegel ist viel kleiner als das hintere und die Zehen sind stark kronenförmig gespreizt. Vorne vier fächerförmig gespreizte und hinten fünf Zehen mit einem wenige Millimeter breiten Saum (Schwimmborsten). Zehe 2, 3 und 4 liegen auf derselben Höhe, große und kleine Zehe weiter hinten an den Seiten. Die Mittelhand- und Mittelfußballen sind im Trittsiegel undeutlich zu erkennen. Die Handwurzelballen drücken sich häufig und die Fußwurzelballen undeutlich ab. Die Krallen werden immer abgebildet.

Bevorzugte Gangart

Schritt.

Lebensraum

Seen, Sümpfe, Kanäle, Wasserläufe.

Wissenswertes

Legt Baue an, deren Eingänge sich immer unter Wasser befinden. Sie kann wie der Biber schwimmende Burgen bauen, die jedoch nicht aus Baumästen, sondern aus Schilf-, Rohrkolben- oder Binsenstängeln bestehen.

Bisamratte

Ondatra zibethicus

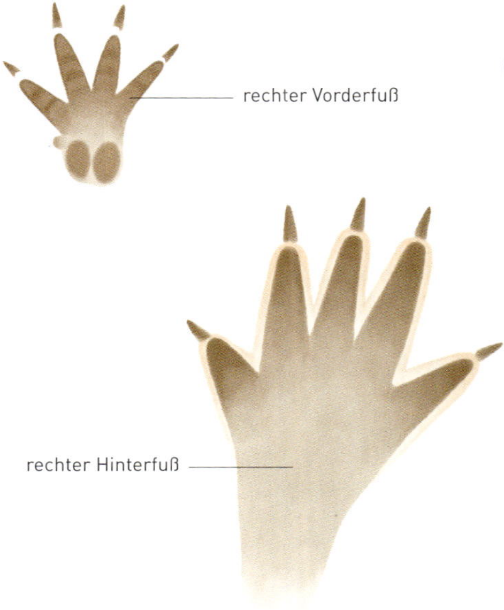

Fortpflanzungszeit

J	F	M	**A**	**M**	**J**	**J**	A	S	O	N	D

Geburtszeit

J	F	M	A	**M**	**J**	**J**	**A**	S	O	N	D

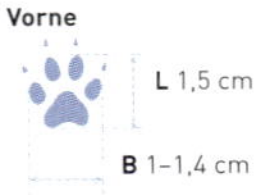

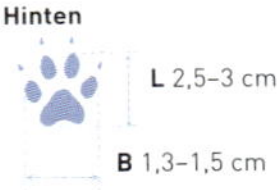

4 abgedrückte Zehen und 1 verkümmerte, nicht abgedrückte Zehe (große Zehe)
Mittelhand- und Handwurzelballen abgedrückt

5 abgedrückte Zehen
Abgedrückte Mittelfußballen, Fußwurzelballen i. d. R. nicht sichtbar

Aussehen

Das vordere und hintere Trittsiegel sind asymmetrisch, wobei das vordere kleiner ist als das hintere. Zehen und Ballen erscheinen als unabhängige Punkte, die manchmal leicht miteinander verbunden sind. Vorne vier fächerförmig gespreizte Zehen und hinten fünf Zehen, wobei Zehe 2, 3 und 4 auf derselben Höhe und die große und kleine Zehe weiter hinten an den Seiten liegen. Drei erkennbare Mittelhandballen. Am hinteren Trittsiegel werden zwei Mittelfußballen abgebildet. Die Krallen drücken sich oft ab.

Bevorzugte Gangarten

Trab, Hüpfen.

Lebensraum

Gärten, landwirtschaftliche Regionen und Feuchtgebiete.

Wissenswertes

Legt Gänge an, deren Eingänge an Maulwurfshügel erinnern, aber die Hügel sind flacher und der Eingang liegt immer am Rand des Erdhügels. Sie kommen gehäuft an Orten vor, von denen ihre natürlichen Feinde wie Fuchs, Hermelin oder Mauswiesel durch den Menschen verdrängt wurden.

Große Wühlmaus

Arvicola terrestris sherman

In Wasser-
nähe

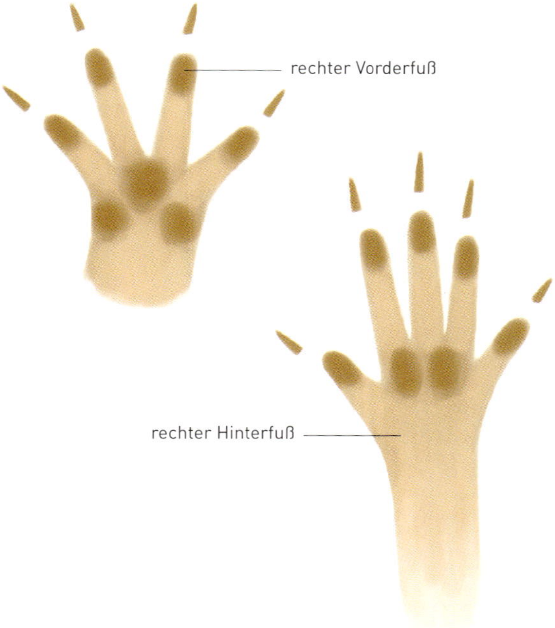

Fortpflanzungszeit

J	F	M	A	M	J	J	A	S	O	N	D

Geburtszeit

J	F	M	A	M	J	J	A	S	O	N	D

4 abgedrückte Zehen (keine große Zehe) Mittelhandballen selten abgedrückt

5 abgedrückte Zehen Kein Ballen abgedrückt

Aussehen

Das vordere Trittsiegel ist viel kleiner als das hintere. Die Zehen hinten verfügen über Schwimmhäute. Die vier Zehen des Vorderfußes zeigen alle zur Innenseite der Fährte, die fünf des Hinterfußes sind diagonal angeordnet, wobei die kleine Zehe leicht nach außen zeigt. Hinten sind nur die Ballen der letzten Zehenglieder zu erkennen. Zehe 4 ist sowohl vorne als auch hinten die größte Zehe. Keine Krallen.

Bevorzugte Gangart

Gehen.

Lebensraum

Wälder, Landwirtschaftszonen, Gärten und kühle Feuchtgebiete.

Wissenswertes

Die Erdkröte lebt das ganze Jahr über hauptsächlich an Land, muss sich jedoch gegen Winterende zur Fortpflanzung an eine Wasserstelle begeben. Da sie sich langsam und manchmal über große Entfernungen hinweg bewegt, ist sie auf Straßen besonders gefährdet. Im Gegensatz zum Frosch hüpft sie nur selten.

Erdkröte

Bufo bufo

In Wasser-nähe

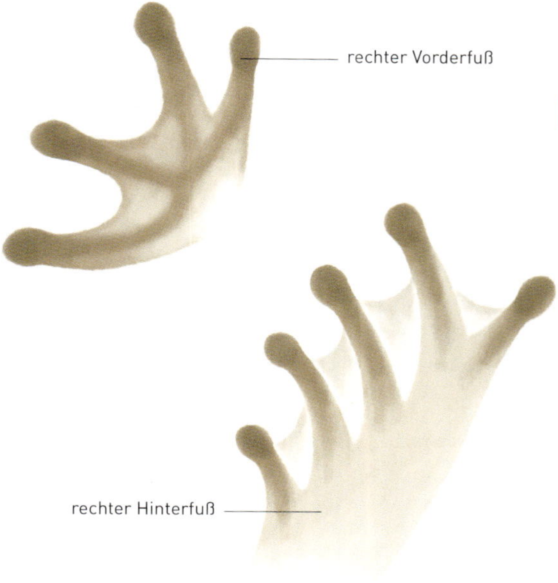

Fortpflanzungszeit

J	F	M	A	M	J	J	A	S	O	N	D
	■	**■**									

Geburtszeit

J	F	M	A	M	J	J	A	S	O	N	D
		■	**■**								

Vorne

L 0,5–1 cm

B 0,5–1 cm

Hinten

L 0,8–1,2 cm

B 0,8–1,2 cm

4 abgedrückte Zehen
(keine große Zehe)
2 gelegentlich abgedrückte Handwurzelballen

5 abgedrückte Zehen
2 gelegentlich abgedrückte Fußwurzelballen

Aussehen

Das vordere Trittsiegel ist etwas kleiner als das hintere. Vorne vier und hinten fünf Zehen, die in Laufrichtung zeigen. Die Zehenballen erscheinen als Punkte an den Zehenspitzen. Keine Krallen. Auf überaus feinen Böden sind zwei Hand- und zwei Fußwurzelballen sichtbar. Zehe 4 ist sowohl vorne als auch hinten die größte Zehe. Die Spur des Schwanzes wird abgebildet.

Bevorzugte Gangart

Gehen.

Lebensraum

Wälder, Flachland, Berge (nur Salamander) sowie kühle, feuchte Lebensräume.

Wissenswertes

Der Feuersalamander lebt überwiegend an Land und nimmt lediglich die Larvenablage im Wasser vor. Der Kammmolch ist eher wasserliebend. Er pflanzt sich im Wasser fort und legt dort seine Eier ab, überwintert jedoch an Land. Schon einfache Spurrillen auf lehmigen Waldwegen reichen ihm als Teich zur Fortpflanzung aus.

Feuersalamander und Nördlicher Kammmolch

Salamandra salamandra und
Triturus cristatuss

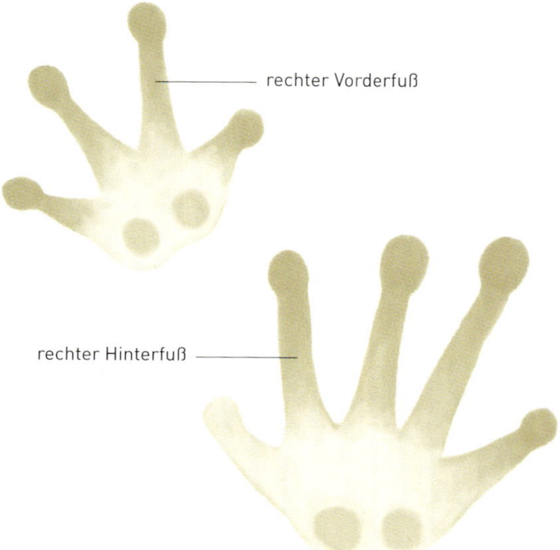

Fortpflanzungszeit

J	F	**M**	**A**	M	J	J	A	S	O	N	D

Geburtszeit

J	F	M	A	**M**	**J**	J	A	S	O	N	D

L 17 cm

B 11 cm

4 abgedrückte Zehen
Zehe 1, 2, 3, 4

Aussehen

Großer, typischer Stelzvogelabdruck. Drei lange Zehen zeigen nach vorne; eine lange Zehe zeigt nach hinten und ist etwas mehr zur Innenseite des Trittsiegels ausgerichtet. Zehe 3 und 1 liegen nicht auf derselben Achse. Zehe 3 ist deutlich länger als die anderen Zehen. Zehe 4 ist länger als Zehe 2. Manchmal wird eine kleine Schwimmhaut zwischen Zehe 3 und 4 abgebildet. Dünne, kurze Krallen. Der Metatarsalballen drückt sich in der Regel nicht ab.

Bevorzugte Gangarten

Gehen, langsamer Schlagflug.

Lebensraum

Sümpfe, Torfmoore, Seen, Teiche, Flüsse, Felder.

Wissenswertes

Großer Vogel, der vom Ansitz aus jagt und oft auf Feldern zu sehen ist. Er steht völlig bewegungslos da, bevor er blitzschnell mit dem Schnabel zustößt, um Wühlmäuse, Amphibien und Regenwürmer zu erbeuten. Ein besonderes Merkmal ist seine lange große Zehe, die es diesem Stelzvogel ermöglicht, auf Bäumen zu nisten und zu landen.

Graureiher

Ardea cinerae

Nistzeit

J	F	M	A	M	J	J	A	S	O	N	D

Schlüpfzeit

J	F	M	A	M	J	J	A	S	O	N	D

L 12 cm

B 15 cm

3 abgedrückte Zehen, Zehe 2, 3, 4
Große Zehe selten abgedrückt

Aussehen

Drei lange, schlanke Zehen, die fast in einem 90-Grad-Winkel gespreizt sind. Zwischen Zehe 2 und 3 ist der Winkel etwas kleiner als zwischen Zehe 3 und 4. Die Hinterzehe (große Zehe) ist sehr kurz und drückt sich selten ab. Zehe 4 ist etwas länger als Zehe 2. Die dünnen, kurzen Krallen sind gut erkennbar. Der Metatarsalballen erscheint manchmal als großer Punkt an der Verbindungsstelle der Zehen.

Bevorzugte Gangarten

Gehen, Laufen.

Lebensraum

Sümpfe, Torfmoore und große Süßwasserflächen mit dichter Vegetation.

Wissenswertes

Der Kranich ist ein großer Zugvogel, der zwischen Nordeuropa und Spanien hin und her pendelt und im Oktober und November sowie im April und Mai auf einer Nordost-Südwest-Achse durch Mitteleuropa zieht. Kraniche fliegen in sehr großer Höhe in V-Formation und stoßen laute Trompetenrufe aus. Während der Zugphasen halten sie sich auf Feldern auf, wo sie sich von Insekten und Pflanzen ernähren.

Kranich

Grus grus

Nistzeit

J	F	M	A	M	J	J	A	S	O	N	D

Schlüpfzeit

J	F	M	A	M	J	J	A	S	O	N	D

3 abgedrückte Zehen, Zehe 2, 3, 4 und 1 schwach abgebildete Zehe (große Zehe)

Aussehen

Deutlich asymmetrische Trittsiegel mit Schwimmhäuten. Drei Zehen sind deutlich und eine vierte selten erkennbar. Alle Zehen zeigen in dieselbe Richtung (nach innen) und sind durch eine Schwimmhaut miteinander verbunden. Zehe 4 ist die längste der vier Zehen. Vier Krallen, von denen sich nur drei abdrücken.

Bevorzugte Gangarten

Schwimmen, Gehen, Gleitflug in Formation in großer Höhe oder über der Wasseroberfläche.

Lebensraum

Küstenklippen, am Rand großer Gewässer.

Wissenswertes

Der Kormoran hat einen unbeholfenen Gang mit nach innen gedrehten Füßen und muss rennen, um abzuheben. Sein nicht wasserabweisendes Gefieder muss getrocknet werden, damit er fliegen kann. Trittsiegel finden sich in der Nähe von Orten, an denen er sich zum Trocknen der Flügel in die Sonne setzt, oder auf Sandbänken, die er in Gruppen aufsucht.

Kormoran

Phalacrocorax carbo

Nistzeit

J	F	M	A	M	J	J	A	S	O	N	D

Schlüpfzeit

J	F	M	A	M	J	J	A	S	O	N	D

L 9–10 cm

B 7–8 cm

4 abgedrückte Zehen
Zehe 1, 2, 3, 4

Aussehen

Drei lange, dünne Zehen, die vorne gleich weit auseinander liegen. Die große Zehe hinten befindet sich auf der Verlängerung von Zehe 3 und 4. Vier abgedrückte Krallen und ein Saum, der die Zehen umgibt (Schwimmlappen). Zehe 2, 3 und 4 drücken sich tiefer ab als die große Zehe. Am Metatarsalballen setzt Zehe 4 etwas weiter oben an als Zehe 2.

Bevorzugte Gangarten

Schwimmen, Gehen, Laufen.

Lebensraum

Sümpfe, Wasserläufe und Süßwassergewässer mit dichter Vegetation, Grasland.

Wissenswertes

Aufgrund des Lebensraums, in dem sie sich bewegt, ist es relativ einfach, ihre Trittsiegel zu finden, zumal sie weit verbreitet ist. Suchen Sie an feuchten Ufern, die sie auf ihrer Nahrungssuche durchstreift, und im Schlamm. Ein schönes Beispiel für Erziehung: Die Jungen aus der ersten Brut helfen den Eltern beim Füttern der nächsten Nestlinge.

Teichralle

Gallinula chloropus

In Wasser-
nähe

Nistzeit

J	F	M	A	M	J	J	A	S	O	N	D

Schlüpfzeit

J	F	M	A	M	J	J	A	S	O	N	D

Aussehen

Drei lange, schlanke Zehen an der Vorderseite. Die Hinterzehe (große Zehe) liegt auf derselben Achse wie Zehe 3. Alle Zehen verfügen über einen mehrlappigen Saum, der aus Schwimmhaut besteht. Zehe 4 liegt recht nahe an Zehe 3 und die große Zehe ist viel kürzer als die anderen. Vier abgedrückte, dünne Krallen. Der Metatarsalballen drückt sich manchmal als Punkt an der Verbindungsstelle der vier Zehen ab.

Bevorzugte Gangarten

Schwimmen, Gehen, Laufen, mühsames Fliegen.

Lebensraum

Wasserläufe, Seen, Teiche und Kanäle.

Wissenswertes

Es ist relativ einfach, Blässhühner zu beobachten und ihre Trittsiegel zu finden, da sie weit verbreitet und nicht sehr scheu sind. Ihre einzigartigen Fußabdrücke findet man an feuchten Ufern, wo sie nach Pflanzen suchen. Das Männchen baut ein zweites Nest, in dem es einen Teil des Wurfs aufzieht, während sich das Weibchen um den anderen Teil kümmert.

Blässhuhn

Fulica atra

In Wasser-
nähe

Nistzeit

J	F	M	A	M	J	J	A	S	O	N	D

Schlüpfzeit

J	F	M	A	M	J	J	A	S	O	N	D

L 3 cm

B 3 cm

3 abgedrückte Zehen
Zehe 2, 3, 4
Große Zehe manchmal sichtbar

Aussehen

Drei dicke Vorderzehen und eine kaum sichtbare Hinterzehe (große Zehe). Zehe 2 ist dicker als Zehe 3, die wiederum dicker als Zehe 4 ist. Alle drei Zehen liegen gleich weit auseinander; Zehe 3 ist am längsten. Die Schwimmhaut zwischen Zehe 3 und 4 drückt sich schwach ab. Kleine, dünne Krallen in der Verlängerung der Zehen. Der Metatarsalballen drückt sich manchmal als Punkt an der Verbindungsstelle der drei Zehen ab.

Bevorzugte Gangarten

Gehen, Laufen, Formationsflug mit plötzlichen Richtungswechseln.

Lebensraum

Seen, Watt, Flussmündungen, Feuchtgebiete und Gebirge.

Wissenswertes

Kommt auf feuchten Feldern und Wiesen in großen Gruppen vor. Zu den Winterquartieren gehören u. a. die Küsten im Nordwesten Europas und der Mittelmeerraum. Neben den Trittsiegeln kann man auch die Abdrücke seines Schnabels finden, mit dem er im Schlamm nach Würmern sucht.

Alpenstrandläufer

Calidris alpina

In Wasser-
nähe

Nistzeit

J	F	M	A	M	J	J	A	S	O	N	D

Schlüpfzeit

J	F	M	A	M	J	J	A	S	O	N	D

Aussehen

Recht symmetrische Trittsiegel mit Schwimmhäuten. Drei sichtbare Zehen und eine vierte, kürzere Zehe (große Zehe), die seltener abgedrückt wird. Die drei Zehen sind mit Schwimmhäuten versehen und fächerförmig in gleichem Abstand zueinander angeordnet, wobei sie leicht nach innen zur Fährte zeigen. Zehe 3 ist die längste der vier Zehen und Zehe 4 ist länger als Zehe 2. Kurze Krallen, von denen nur drei systematisch abgedrückt werden.

Bevorzugte Gangarten

Schwimmen, Gehen, lange Gleitflüge.

Lebensraum

Meeresufer, Felder, Flüsse, Städte.

Wissenswertes

Die überaus anpassungsfähigen Lach- und Silbermöwen sind überall zu finden und zeichnen sich durch ihre vielfältigen, an die unterschiedlichen Umgebungen angepassten Nahrungsstrategien aus. Diese Möwenverwandten speien wie Greifvögel Gewölle (Speiballen unverdaulicher Nahrungsreste) aus.

Lach- und Silbermöwe

Larus ridibundus und *Larus argentatus*

In Wasser-nähe

Nistzeit

J	F	**M**	**A**	M	J	J	A	S	O	N	D

Schlüpfzeit

J	F	M	A	**M**	**J**	J	A	S	O	N	D

Stockente

L 7,5 cm

B 7,5 cm

Graugans

L 10 cm

B 10,5 cm

3 abgedrückte Zehen, Zehe 2, 3, 4 und 1 schwächer abgedrückte Zehe (große Zehe)

Aussehen

Asymmetrische Trittsiegel mit Schwimmhäuten. Drei gut sichtbare Zehen und eine vierte, kürzere Zehe (große Zehe), deren Kralle abgedrückt wird. Von den drei Zehen sind zwei deutlich gekrümmt (Zehe 2 und 4); sie sind mit Schwimmhäuten versehen, fächerförmig angeordnet und zeigen zur Innenseite der Fährte. Zehe 3 ist länger als Zehe 4, die wiederum länger als Zehe 2 ist. Die kurzen Krallen drücken sich systematisch ab. Der Metatarsalballen erscheint als Punkt an der Verbindungsstelle der Zehen. Feine äußere Schwimmhäute an Zehe 2.

Bevorzugte Gangarten

Schwimmen, Gehen, Schlagflug in Formation.

Lebensraum

Wasserläufe, Seen, Felder, Städte.

Wissenswertes

Alle Mitglieder der Familie der Entenvögel (Gänse, Schwäne, Enten) weisen dieselben morphologischen Merkmale im Trittsiegel auf. Sie unterscheiden sich in der Größe. Entenfüße sind nicht nach außen, sondern nach innen gerichtet, auch wenn der »Entengang« das Gegenteil nahelegt.

Stockente und Graugans

Anas platyrhynchos und *Anser anser*

In Wasser-
nähe

Nistzeit

J	F	M	A	M	J	J	A	S	O	N	D

Schlüpfzeit

J	F	M	A	M	J	J	A	S	O	N	D

Vorne

L 4,5 cm

B 3,5 cm

Hinten

L 4,5 cm

B 3 cm

2 abgedrückte Zehen (Zehe 3 und 4) und 2 gelegentlich abgedrückte Zehen weiter oben (Zehe 2, kleine Zehe).

2 abgedrückte Zehen (Zehe 3 und 4) und 2 gelegentlich abgedrückte Zehen weiter oben (Zehe 2, kleine Zehe).

Aussehen

Herzförmige Trittsiegel. Zwei sichtbare Zehen, die in einer scharfen Spitze enden und vollständig gespreizt sind. Die Außenzehe (Zehe 4) ist in der Regel kräftiger. Die Ballen machen etwa ein Drittel des Trittsiegels aus und drücken sich meist nicht ab. Die Afterklauen des Vorderfußes, seltener die des Hinterfußes, drücken sich im Galopp und auf weichem Boden ab.

Bevorzugte Gangarten

Schritt und Trab.

Lebensraum

Wälder, Landwirtschaftszonen.

Wissenswertes

Rehe werden oft mit Rothirschkühen verwechselt, sind jedoch mit nur 60 bis 70 cm Widerristhöhe viel kleiner als die weiblichen Rothirsche. Das Männchen wird als »Rehbock« und das Weibchen als »Ricke« oder »Geiß« bezeichnet. Sie sind die am weitesten verbreitete Hirschart in Mitteleuropa. Die Afterklauen werden abgedrückt und befinden sich immer auf einer Linie mit den Schalen, was ihre Trittsiegel von denen der Wildschweine unterscheidet, deren Afterklauen außerhalb der Schalen abgedrückt werden.

Reh

Capreolus capreolus

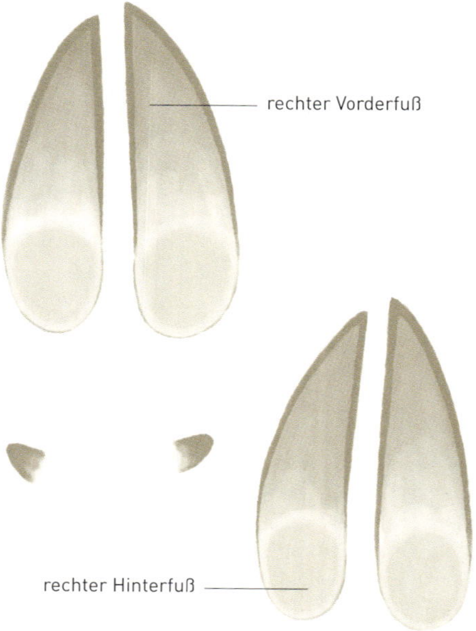

Fortpflanzungszeit

J	F	M	A	M	J	**J**	**A**	S	O	N	D

Geburtszeit

J	F	M	A	**M**	**J**	J	A	S	O	N	D

Vorne

Hinten

5 Zehen (4 abgedrückt, 1 weiter oben)
Mittelhandballen abgedrückt
und Handwurzelballen weiter oben

4 abgedrückte Zehen
Mittelfußballen abgedrückt,
kein Fußwurzelballen

Aussehen

Ovales vorderes und hinteres Trittsiegel mit vier gut erkennbaren, weit auseinanderliegenden Zehen. Der Mittelhandballen ist so groß wie zwei Zehen und hat in der Mitte eine Bumerangform, die sich tiefer abdrückt. Der Mittelfußballen bildet einen Punkt, der so groß ist wie eine Zehe. Wenn die Krallen sichtbar sind, erscheinen sie etwa 1 cm vor den Zehen als kleine Punkte.

Bevorzugte Gangarten

Trab und Schritt.

Lebensraum

Landwirtschaftszonen, Stadtparks, Berge, Meeresufer und Wälder.

Wissenswertes

Seine Krallen liegen zwischen den sehr scharfen Krallen der Katze und den sehr stumpfen des Hundes. Im Gegensatz zum Hund berühren seine Krallen nicht ständig den Boden. Er nutzt sie zum Graben, ist aber nicht auf die Jagd im Laufschritt spezialisiert, die durch den Antrieb der Krallen erleichtert wird. Wie die Katze jagt er meist vom Ansitz aus, d. h. er kann sich langsam und lautlos auf seinen Ballen bewegen und seine Beute mit seinen effizienten Krallen schnell ergreifen.

Rotfuchs

Vulpes vulpes

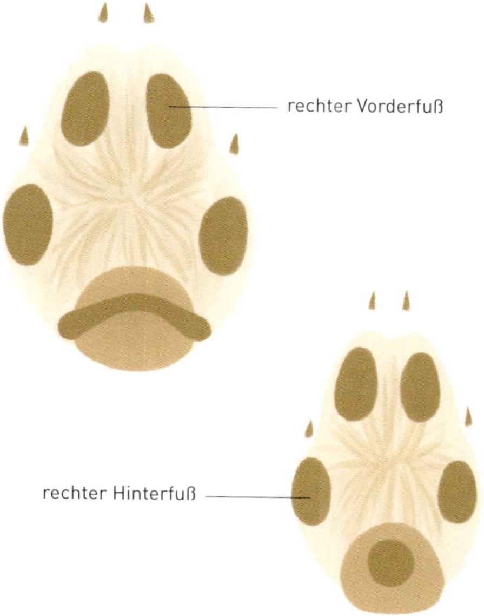

Fortpflanzungszeit

J	**F**	M	A	M	J	J	A	S	O	N	D

Geburtszeit

J	F	**M**	**A**	M	J	J	A	S	O	N	D

Vorne

L 6–8 cm

B 6 cm

Hinten

L 5–7 cm

B 5 cm

5 abgedrückte Zehen
Mittelhand- und Handwurzelballen abgedrückt

5 abgedrückte Zehen
Mittelfußballen schwach abgedrückt, mit dem Fußwurzelballen verwachsen

Aussehen

Die Trittsiegel erinnern an die eines kleinen Bären: Das vordere ist größer als das hintere. Die Zehen sind leicht bogenförmig angeordnet, vier sind deutlich sichtbar und die fünfte (große Zehe) ist vorne und hinten verwaschener. Der Mittelhandballen hat eine horizontale Wurstform und der Handwurzelballen ist nicht immer abgebildet. Der Mittelfußballen ist mit dem Fußwurzelballen verwachsen. Die Krallen sind vorne lang und kräftig, hinten kürzer.

Bevorzugte Gangarten

Schritt, Trab, kleiner Galopp.

Lebensraum

Wälder, Landwirtschaftszonen.

Wissenswertes

Das sichtbarste Zeichen für die Anwesenheit des Dachses sind seine weit verzweigten Burgen, vor denen sich große Erdaushübe befinden. Das Erdloch hat einen Durchmesser von fast 30 cm. Die »Rutschrinne«, die das Tier für das »Ein- und Ausfahren« benutzt, ist im Gegensatz zum Fuchsbau auf dem Erdaushub sichtbar.

Europäischer Dachs

Meles meles

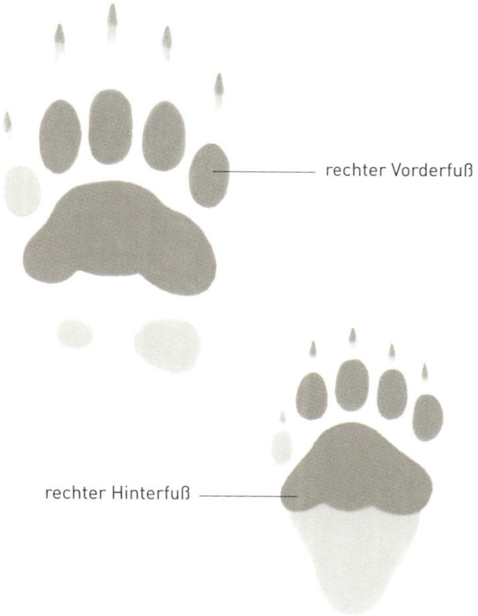

Landwirt-
schaftszone

Fortpflanzungszeit

J	F	M	A	M	J	J	A	S	O	N	D

Geburtszeit

J	**F**	**M**	A	M	J	J	A	S	O	N	D

Vorne

L 3 cm

B 2,5 cm

Hinten

L 2,5 cm

B 2 cm

5 abgedrückte Zehen
Mittelhand- und Handwurzelballen abgedrückt

5 abgedrückte Zehen
Mittelfußballen abgedrückt, kein Fußwurzelballen

Aussehen

Sieht aus wie das Miniaturtrittsiegel einer Katze, mit einem ausgeprägten Negativbereich zwischen Zehen und Mittelhand- oder Mittelfußballen. Vier Zehen sind deutlich abgebildet und die fünfte (große Zehe) ist verwaschener und liegt weiter hinten. Mittelhand- und Mittelfußballen haben eine asymmetrische Halbmondform. Der Handwurzelballen drückt sich auf weichem Boden ab. Die Krallen, die vorne lang und scharf und hinten kürzer sind, werden häufig abgebildet.

Bevorzugte Gangarten

Kleiner Galopp, Hüpfen.

Lebensraum

Landwirtschaftszonen, Wasserläufe.

Wissenswertes

Das Trittsiegel des Iltisses kann mit dem des Nerzes und des Hermelins verwechselt werden. Beim Iltis zeigen die Zehen jedoch in die Richtung der Fährte und die Krallen sind lang und kräftig, der Nerz hingegen verfügt über fächerförmig gespreizte Zehen und kurze Krallen und das Hermelin über kaum abgedrückte Krallen und einen winzigen Mittelhand- oder Mittelfußballen.

Europäischer Iltis

Mustela putorius

Landwirt-
schaftszone

Fortpflanzungszeit

J	F	M	A	M	J	J	A	S	O	N	D

Geburtszeit

J	F	M	A	M	J	J	A	S	O	N	D

Aussehen

Das vordere und das hintere Trittsiegel sind ungefähr gleich groß, aber das hintere ist gedrängter und länglicher. Das vordere erinnert an eine Kinderhand und verfügt über fünf abgebildete, gespreizte Zehen, die länger als die hinteren sind. Die fünf Zehen hinten zeigen in Laufrichtung. Die große Zehe ist vorne und hinten am kleinsten. Bogenförmiger Mittelhandballen. Mittelfußballen mit einem Lappen an der oberen Kante und zwei Lappen an der unteren, wobei einer kaum sichtbar ist. Die Krallen drücken sich vorne und hinten ab.

Bevorzugte Gangart

Schritt.

Lebensraum

Wälder, Landwirtschaftszonen, Städte, See- und Flussufer.

Wissenswertes

Übernachtet in verlassenen Fuchs- oder Dachsbauen oder in hohlen Bäumen. Er benutzt immer dieselben Latrinen, in denen sich sein Kot ansammelt, der an den eines kleinen Hundes erinnert. Seine Nahrungsquellen reichen von Wespenlarven über Beeren und Getreide bis hin zu unseren Müllresten.

Waschbär

Procyon lotor

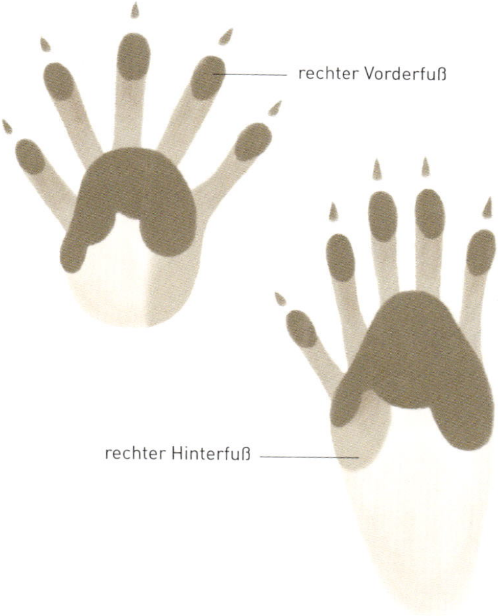

Fortpflanzungszeit

J	F	M	A	M	J	J	A	S	O	N	D

Geburtszeit

J	F	M	A	M	J	J	A	S	O	N	D

5 abgedrückte Zehen, davon
1 Zehe (große Zehe) kürzer und
schwach abgedrückt
Mittelhandballen schwach abgedrückt

4 abgedrückte Zehen
Mittelfußballen schwach
abgedrückt

Aussehen

Das Trittsiegel ist vorne viel kleiner als hinten. Die fünf Zehen vorne werden kaum, die vier Zehen hinten (keine große Zehe) etwas tiefer abgedrückt. Zehe 3 liegt vorne und hinten am weitesten vorne. Der Mittelhand- und der Mittelfußballen sind mit Fell bedeckt und werden nur schwach abgedrückt. Am Vorderfuß liegt die große Zehe tiefer als die kleine Zehe, was den Feldhasen vom Kaninchen unterscheidet. Die Krallen sind oft der einzige sichtbare Teil der Zehen.

Bevorzugte Gangart

Hüpfen.

Lebensraum

Landwirtschaftszonen, Waldränder und offene Landschaften.

Wissenswertes

Nachts aktiv, tagsüber ruht er in kleinen Kuhlen, die ihn von drei Seiten schützen, den sogenannten »Sassen«. Zwischen den Wurzeln am Fuß eines Baumes, mit dem Rücken zu einem Stein oder in einem Grasbüschel, den Kopf zum Ausgang gerichtet. Dieser Hasenartige frisst wie das Kaninchen seinen Kot, um die darin enthaltenen Nährstoffe aufzunehmen.

Feldhase

Lepus europeaus

rechter Vorderfuß

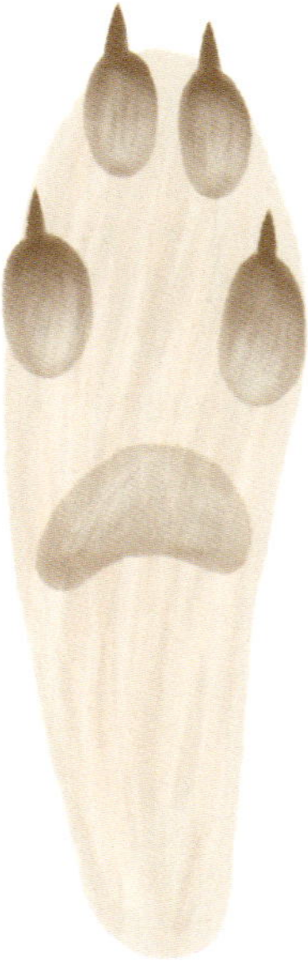

rechter Hinterfuß

Fortpflanzungszeit

J	F	M	A	M	J	J	A	S	O	N	D

Geburtszeit

J	F	M	A	M	J	J	A	S	O	N	D

Vorne

L 3–4 cm
B 2–2,5 cm

Hinten

L 7–8 cm
B 3–3,5 cm

5 abgedrückte Zehen, davon 1 Zehe (große Zehe) kürzer und schwach abdrückt
Mittelhandballen schwach abgedrückt

4 abgedrückte Zehen
Mittelfußballen schwach abgedrückt

Aussehen

Das vordere Trittsiegel ist viel kleiner als das hintere. Fünf kaum abgedrückte Zehen vorne und vier Zehen hinten (keine große Zehe), die sich etwas tiefer abdrücken. Zehe 3 liegt am Vorder- und Hinterfuß weiter vorne als die anderen. Die Mittelhand- und Mittelfußballen sind mit Fell bedeckt und drücken sich nur schwach ab. Vorne befinden sich die große und kleine Zehe auf derselben Höhe. Die Krallen sind oft der einzige sichtbare Teil der Zehen.

Bevorzugte Gangart

Hüpfen.

Lebensraum

Landwirtschaftszonen, Städte, Parks und offene Landschaften.

Wissenswertes

Kaninchen leben in Kolonien in weit verzweigten Höhlensystemen, den Kaninchenbauen. Sie sind keine Nagetiere, sondern gehören wie die Hasen zu den Hasenartigen. Sie verfügen daher über vier Schneidezähne im Oberkiefer, wo ein Paar vor dem anderen steht.

Wildkaninchen

Oryctolagus cuniculus

rechter Vorderfuß

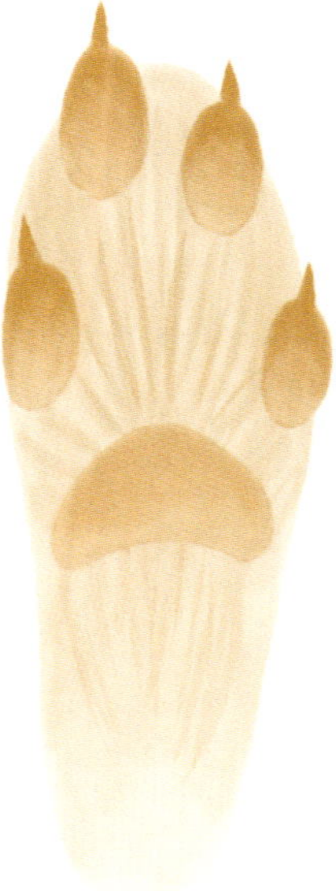

rechter Hinterfuß

Fortpflanzungszeit

J	F	M	A	M	J	J	A	S	O	N	D

Geburtszeit

J	F	M	A	M	J	J	A	S	O	N	D

Vorne Hinten

L 0,5–1 cm
B 0,5–1 cm
L 0,8–1 cm
B 1–1,2 cm

5 abgedrückte Zehen
5 abgedrückte Zehen

Aussehen

Das vordere Trittsiegel ist etwas kleiner als das hintere. Fünf lange dünne Zehen vorne und hinten, die in Laufrichtung zeigen. Die Zehen enden in krallenartigen Spitzen. Keine sichtbaren Ballen. Zehe 4 ist sowohl vorne als auch hinten die größte Zehe. Die Spur des Schwanzes ist in relativ gerader Linie erkennbar. Schneller Gang.

Bevorzugte Gangarten

Gehen, Laufen.

Lebensraum

Offene, sonnige Landschaften, Landwirtschaftszonen, Städte, Parks, Gärten, Berge.

Wissenswertes

Niedrige Temperaturen zwingen die Mauereidechse von Oktober bis März zur Untätigkeit. In der warmen Jahreszeit verbringt sie die meiste Zeit in der Sonne, um sich aufzuwärmen, da sie über keine eigene Wärmeregulation verfügt. Aufgrund ihres geringen Gewichts kann man ihre Fußabdrücke nur im feinen Sand oder Staub sehen.

Mauereidechse

Podarcis muralis

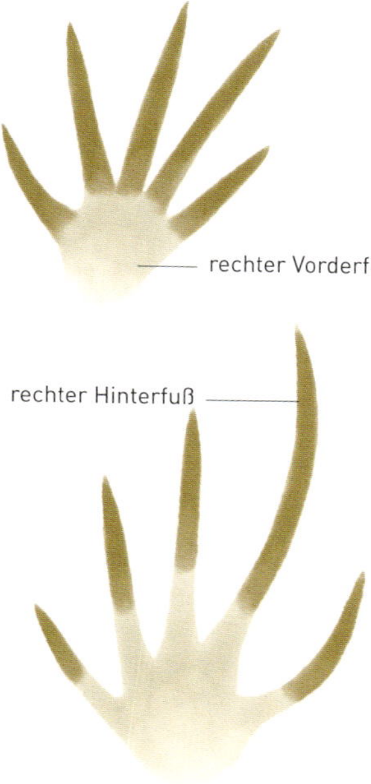

Fortpflanzungszeit

J	F	M	**A**	**M**	**J**	J	A	S	O	N	D

Geburtszeit

J	F	M	A	M	**J**	**J**	**A**	S	O	N	D

Aussehen

Typische massive Fußabdrücke eines tagaktiven Raubvogels mit drei Vorderzehen und einer Hinterzehe, die alle von scharfen Krallen verlängert werden. Die dicken Zehen werden am letzten Zehenglied am tiefsten abgedrückt. Die Abstände zwischen den drei Vorderzehen sind gleich groß. Zehe 1 und 2 sind dicker als die anderen Zehen.

Bevorzugte Gangarten

Gleit- und Sturzflug, Gehen.

Lebensraum

Wälder, Waldränder, Landwirtschaftszonen und Straßenränder.

Wissenswertes

Der Mäusebussard jagt fast ausschließlich kleine Säugetiere und Reptilien vom Ansitz aus und lauert ihnen auf einem Pfosten am Straßenrand oder auf einem Ast am Waldrand auf. Gelegentlich ist er auch Aasfresser. Sein Gewölle kann man am Fuß seines Ansitzes oder Nestes finden. Dort sammeln sich auch die für Greifvögel typischen weißen Ausscheidungen an, die ausschließlich aus Harnstoff bestehen.

Mäusebussard

Buteo buteo

Nistzeit

J	F	M	A	M	J	J	A	S	O	N	D
		M	**A**								

Schlüpfzeit

J	F	M	A	M	J	J	A	S	O	N	D
			A	**M**							

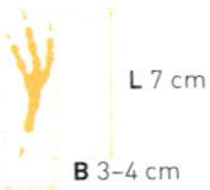

4 abgedrückte Zehen
Zehe 1, 2, 3, 4

Aussehen

Das typische »K«-förmige Trittsiegel eines nachtaktiven Raubvogels mit zwei Vorderzehen (Zehe 2 und 3), Zehe 4 an der Seite und der großen Zehe hinten. Die Zehen werden alle durch lange, spitze Krallen verlängert. Sie sind dick und werden am letzten Zehenglied tiefer abgedrückt. Die große Zehe wird etwas schwächer abgebildet als die anderen drei. Zehe 4 zeigt nach außen oder nach hinten. Der Metatarsalballen ist meist abgebildet.

Bevorzugte Gangarten

Langsamer Flug und weite Schläge, Gehen.

Lebensraum

Wälder, Obstgärten, Landwirtschaftszonen und Straßenränder.

Wissenswertes

Die Flügelkanten der Handschwingen (Remiges primarii) sind mit kammartigen Zähnungen versehen, die schalldämpfend wirken, weshalb die Eule vollkommen geräuschlos fliegen kann. Ihr glänzend schwarzes Gewölle findet man am Fuß ihres Ansitzes oder Unterschlupfs.

Schleiereule

Tyto alba

Landwirt-schaftszone

Nistzeit

J	F	M	A	M	J	J	A	S	O	N	D

Schlüpfzeit

J	F	M	A	M	J	J	A	S	O	N	D

L 6,5cm
B 6,5 cm

3 abgedrückte Zehen, Zehe 2, 3, 4
Sehr kurze große Zehe schwach abgedrückt

Aussehen

Drei dicke, nach vorne gespreizte Zehen und eine sehr kurze Hinterzehe (große Zehe). Die Zehenglieder drücken sich tiefer ab. Zehe 3 ist länger als Zehe 4, die wiederum länger als Zehe 2 ist. Die große Zehe, von der nur die Kralle abgedrückt wird, zeigt zur Innenseite der Fährte. Die drei Vorderkrallen erscheinen dick und stumpf, manchmal nach hinten gebogen. Der Metatarsalballen wird als großer Punkt abgebildet.

Bevorzugte Gangarten

Schwerfälliger, sehr energischer und kurzer Flug. Gehen.

Lebensraum

Wälder, Landwirtschaftszonen, Parks.

Wissenswertes

Die meisten Populationen stammen aus Zuchtbetrieben und wurden zu Jagdzwecken ausgesetzt. Der Fasan hält sich immer am Boden auf, um sich von Samen, Beeren und Insekten zu ernähren. Er fliegt nur, wenn er bedroht wird oder um sich sein Lager für die Nacht zu suchen. Wie die Hühner gehört er zur Ordnung der Hühnervögel und nutzt seine Krallen, um den Boden aufzuscharren und nach Nahrung zu suchen.

Fasan

Phasianus colchicus

Nistzeit

J	F	M	A	M	J	J	A	S	O	N	D

Schlüpfzeit

J	F	M	A	M	J	J	A	S	O	N	D

Vorne

L 2–12 cm
B 1–10 cm

Hinten

L 2–10 cm
B 1–9 cm

5 Zehen (4 abgedrückt, 1 weiter oben)
Mittelhandballen abgedrückt
und Handwurzelballen weiter oben

4 abgedrückte Zehen
Mittelfußballen abgedrückt,
kein Fußwurzelballen

Aussehen

Das Trittsiegel ist vorne rund und hinten oval. Vier deutlich erkennbare, auseinanderstehende Zehen. Der Mittelhandballen hat eine dreieckige Form mit abgerundeten Ecken und ist flächenmäßig so groß wie drei Zehen. In den ovalen Mittelfußballen könnten flächenmäßig 1,5 bis 2 Zehen passen. Die Krallen sind meist kurz und stumpf und erscheinen wie eine Verlängerung der Zehen.

Bevorzugte Gangarten

Trab, Schritt, Galopp, sehr variabel.

Lebensraum

Überall.

Wissenswertes

Diese weit verbreiteten Trittsiegel eignen sich ideal, um sich mit der Anatomie der Zehengänger vertraut zu machen. Man kann ihnen auch in der Stadt folgen. Der Hund muss beim Überqueren einer Straße nur in eine Pfütze treten, damit man nicht nur seine Trittsiegel, sondern auch seine Gangart über mehrere Meter hinweg studieren kann. Er gehört zu den wenigen Tieren, die man in dem Moment beobachten kann, in dem sie ihre Spuren hinterlassen. So können Strände, Ödland und Stadtbrachen zu spannenden Studienorten werden.

Haushund

Canus lupus familiaris

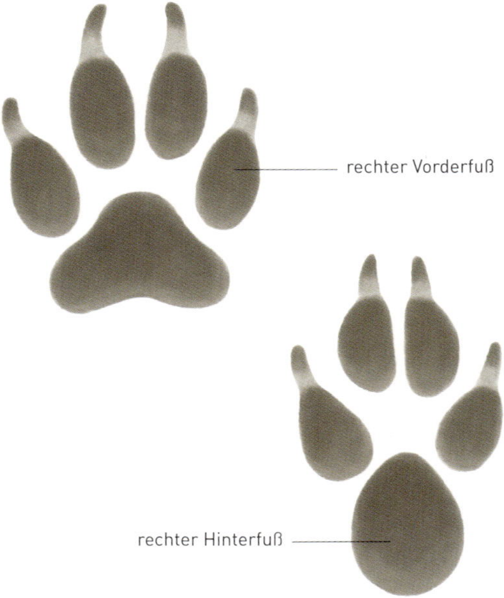

Fortpflanzungszeit

J	F	M	**A**	**M**	**J**	J	A	S	**O**	**N**	**D**

Geburtszeit

J	F	M	A	**M**	**J**	**J**	A	S	O	**N**	**D**

Vorne

Hauskatze
L 2,5–3 cm
Wildkatze
L 3,5–4 cm

Hauskatze
B 2,5–3 cm
Wildkatze
B 3,5–4 cm

Hinten

Hauskatze
L 3–4 cm
Wildkatze
L 3,5–4 cm

Hauskatze
B 2–3 cm
Wildkatze
B 2,5–3,5 cm

5 Zehen (4 abgedrückt, 1 weiter oben)
Mittelhandballen abgedrückt
und Handwurzelballen weiter oben

4 abgedrückte Zehen
Mittelfußballen abgedrückt,
kein Fußwurzelballen

Aussehen

Das vordere und das hintere Trittsiegel sind jeweils rund, aber das hintere ist etwas länglicher. Vorne und hinten vier asymmetrisch angeordnete Zehen. Mittelhand- und Mittelfußballen verfügen jeweils über drei Lappen an der unteren und zwei Lappen an der oberen Kante. In den Mittelhandballen könnten vier Zehen passen, in den Mittefußballen hingegen nur drei. Das vordere Trittsiegel ist größer als das hintere, aber die Zehen vorne sind kleiner als die hinten. Sehr scharfe Krallen, die außer auf rutschigem Untergrund meist nicht zu erkennen sind.

Bevorzugte Gangarten

Schritt, Trab.

Lebensraum

Hauskatzen leben in der Nähe von Häusern und Wohnungen, Wildkatzen im Wald.

Wissenswertes

Im Gehen »registriert« die Katze direkt, d. h. ihr hinteres Trittsiegel liegt genau auf dem vorderen, weshalb nur zwei statt vier Fußabdrücke zu sehen sind. Sie hinterlässt Kratzspuren an bestimmten Baumstämmen, um ihre Krallen zu schärfen und zu reinigen, aber auch um ihre Bänder zu dehnen und Duftmarken mit ihren Zwischenzehendrüsen zu setzen.

Haus- und Wildkatze

Felis catus und *Felis silvestris*

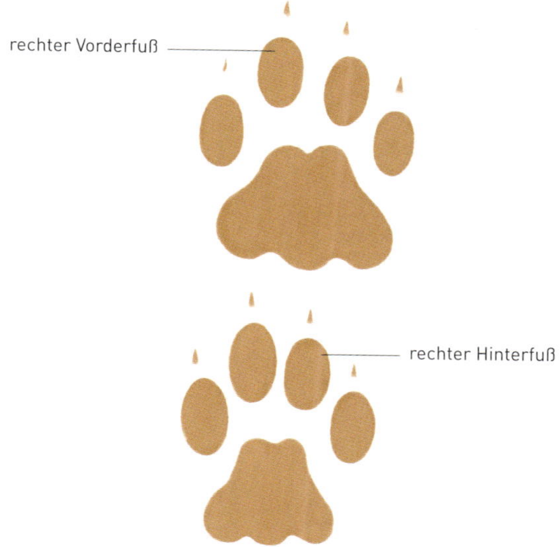

Hauskatze

Fortpflanzungszeit

J	**F**	**M**	**A**	**M**	**J**	**J**	**A**	**S**	**O**	N	D

Geburtszeit

J	F	**M**	**A**	**M**	**J**	**J**	**A**	**S**	**O**	**N**	D

Wildkatze

Fortpflanzungszeit

J	**F**	**M**	A	M	J	J	A	S	O	N	D

Geburtszeit

J	F	**M**	**A**	**M**	J	J	A	S	O	N	D

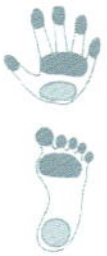

5 abgedrückte Zehen
Mittelhandballen abgedrückt und
Handwurzelballen kaum sichtbar

5 abgedrückte Zehen
Mittelfußballen abgedrückt und
Fußwurzelballen kaum sichtbar

Aussehen

Das vordere Trittsiegel ist kleiner als das hintere. Die kleinen, dicken Zehen sind deutlich abgebildet. Die Zehenballen erscheinen als tiefer abgedrückte Punkte. Drei Mittelhand- und drei Mittelfußballen sind gut zu erkennen. Manchmal werden zwei Handwurzel- und drei Fußwurzelballen abgedrückt. Vorne fünf fächerförmig gespreizte Zehen; hinten ebenfalls fünf, wobei Zehe 2, 3 und 4 auf derselben Höhe und die große und die kleine Zehe weiter hinten an den Seiten liegen. Die langen Krallen drücken sich ab.

Bevorzugte Gangart

Gehen.

Lebensraum

Gärten, Parks, Acker- und Waldränder.

Wissenswertes

Er jagt nachts und ernährt sich von Insekten, Regenwürmern und Schnecken, im Sommer auch von Früchten. Seine Losung ist schwarz, körnig, bröckelig, an einem Ende spitz und enthält zahlreiche Reste von Insektenhäuten. Hält zwischen Oktober und März Winterschlaf.

Braunbrustigel

Erinaceus europaeus

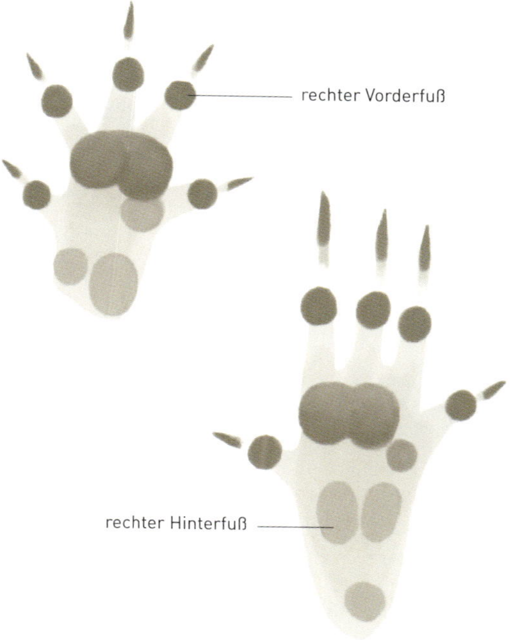

Fortpflanzungszeit

J	F	M	A	M	J	J	A	S	O	N	D
			A	**M**	**J**	**J**	**A**				

Geburtszeit

J	F	M	A	M	J	J	A	S	O	N	D
				M	**J**	**J**	**A**	**S**			

L 3,5 cm

B 2 cm

4 abgedrückte Zehen
Zehe 1, 2, 3, 4

Aussehen

Drei dünne Vorderzehen, die gleich weit auseinander liegen, und eine Hinterzehe. Die große Zehe und Zehe 3 bilden einen leichten Bogen. Die vier dünnen Krallen drücken sich kaum ab. Zehe 2 zeigt zur Innenseite der Fährte und Zehe 3 in die Bewegungsrichtung. Zehe 4 erscheint leicht nach außen gebogen. Bewegt sich hüpfend.

Bevorzugte Gangarten

Hüpfen. Schneller, kurzer direkter Flug.

Lebensraum

Wälder, Landwirtschaftszonen, Parks und Gärten.

Wissenswertes

Kommt sehr häufig vor – sowohl in der Stadt als auch auf dem Land (Feldsperling). Ernährt sich am Boden von Früchten und Samen. Manchmal kann man beobachten, wie er Staubbäder nimmt, um sein Gefieder zu reinigen. Dabei hinterlässt er kleine Vertiefungen in der Erde, die so groß sind wie sein Körper. Sehr gesellig, auch während der Nistzeit.

Haussperling oder Spatz

Passer domesticus

In der Stadt

Nistzeit

J	F	M	A	M	J	J	A	S	O	N	D

Schlüpfzeit

J	F	M	A	M	J	J	A	S	O	N	D

L 5,5 cm

B 3 cm

4 abgedrückte Zehen
Zehe 1, 2, 3, 4

Aussehen

Drei dünne Vorderzehen, die gleich weit auseinander liegen, und eine Hinterzehe. Mehrere runde, abgedrückte Zehenglieder: ein deutlich erkennbares an der großen Zehe, zwei tiefer abgedrückte an Zehe 2 und 4 sowie drei an Zehe 3. Die große Zehe und Zehe 3 sind leicht gebogen. Die vier dünnen Krallen drücken sich häufig ab. Zehe 2 zeigt zur Innenseite der Fährte, Zehe 4 zur Außenseite und Zehe 3 in die Bewegungsrichtung. Bewegt sich hüpfend.

Bevorzugte Gangarten

Hüpfen. Energetischer, kurzer direkter Flug.

Lebensraum

Wälder, Landwirtschaftszonen, Parks und Gärten.

Wissenswertes

Sie ernährt sich am Boden von Früchten, Samen und kleinen Wirbellosen. Wie ihre nahe Verwandte, die Singdrossel, ist sie eine große Liebhaberin von Schnecken, deren Schalenreste sie am Boden hinterlässt. Die Schneckenhäuser bricht sie auf, indem sie die Beute wiederholt gegen einen Stein schlägt. Sie nistet oft in niedriger Höhe (unter 2 m) in dichten Büschen.

Amsel

Turdus merula

Nistzeit

J	F	M	A	M	J	J	A	S	O	N	D

Schlüpfzeit

J	F	M	A	M	J	J	A	S	O	N	D

Aussehen

Typische Rabenvogeltrittsiegel mit langer großer Zehe und abgedrückten Zehengliedern: zwei an der großen Zehe, drei an Zehe 2 und 3, vier an Zehe 4. Die vier Krallen drücken sich tief ab. Zehe 3 ist immer näher an Zehe 2 als an Zehe 4, was typisch für Rabenvögel ist. Das Trittsiegel ist kleiner als das der Aaskrähe. Im Gehen schleift die Kralle der großen Zehe hinterher und hinterlässt eine Furche hinter dem Trittsiegel.

Bevorzugte Gangarten

Wellenförmiger Gleit- und Schlagflug. Gehen und Hüpfen.

Lebensraum

Städtische und Landwirtschaftszonen, Parks und Gärten.

Wissenswertes

Ihr Nest ist sehr charakteristisch und hat die Form eines großen Korbs aus Zweigen mit einer Überdachung. Das Paar trennt sich nie und baut gemeinsam das Nest, das es das ganze Jahr über aufsucht. Ihr Gewölle kann man am Fuß des Baumes finden, in dem sie nisten.

Elster

Pica pica

Nistzeit

J	F	**M**	**A**	**M**	J	J	A	S	O	N	D

Schlüpfzeit

J	F	M	**A**	**M**	J	J	A	S	O	N	D

L 8–9 cm

B 4 cm

4 abgedrückte Zehen
Zehe 1, 2, 3, 4

Aussehen

Sehr ähnliches Trittsiegel wie das des Kolkraben, nur kleiner. Mehrere abgedrückte Zehenglieder: zwei an der großen Zehe, drei an Zehe 2 und 3 und vier an Zehe 4. Die vier Krallen drücken sich tief ab. Zehe 3 liegt immer näher an Zehe 2 als an Zehe 4, was für Rabenvögel charakteristisch ist. Im Gehen schleift die Kralle der großen Zehe hinterher und hinterlässt eine Furche hinter dem Abdruck.

Bevorzugte Gangarten

Langsamer Schlagflug. Gehen und Hüpfen.

Lebensraum

Städte, Landwirtschaftszonen, Ufer.

Wissenswertes

Kommt viel häufiger vor als der Kolkrabe und ist in Städten weit verbreitet, wo sie sich von Abfällen und den Eiern anderer Vögel, z. B. der Felsentaube, ernährt. Bewegt sich viel im Schreitgang, wenig ängstlich und sehr intelligent. Neben dem typischen »Krah krah krah« beherrscht sie viele weitere Laute.

Aaskrähe

Corvus corone

Nistzeit

J	F	M	A	M	J	J	A	S	O	N	D

Schlüpfzeit

J	F	M	A	M	J	J	A	S	O	N	D

Aussehen

Drei gespreizte Vorderzehen und eine Hinterzehe. Mehrere abgedrückte Zehenglieder: ein deutlich abgebildetes an der großen Zehe und drei an Zehe 2, 3 und 4. Die große Zehe und Zehe 3 sind gebogen und zeigen zur Innenseite der Fährte. Die vier dünnen Krallen drücken sich häufig ab, wobei Zehe 2 und 3 zur Innenseite der Fährte zeigen und Zehe 4 zur Außenseite. Am liebsten bewegt sich die Taube im Gehen fort.

Bevorzugte Gangarten

Energischer, lauter direkter Flug. Gehen.

Lebensraum

Wälder, Landwirtschaftszonen, Parks und Gärten.

Wissenswertes

Hält sich oft am Boden auf, um sich von Samen und Würmern zu ernähren. Ihre Trittsiegel sind recht häufig an Waldrändern zu finden. Zeichen für ihre Anwesenheit sind ihr leises Gurren und ihre lauten Flügelschläge, mit denen sie andere Tiere warnt. Häufig Beute des Habichts und des Sperbers.

Ringeltaube

Columba palumbus

Nistzeit

J	F	M	A	M	J	J	A	S	O	N	D

Schlüpfzeit

J	F	M	A	M	J	J	A	S	O	N	D

Vorne

Hausratte
L 1,8 cm
Wanderratte
L 2 cm

Hausratte
B 1,8 cm
Wanderratte
B 2 cm

Hinten

Hausratte
L 3,5 cm
Wanderratte
L 4 cm

Hausratte
B 2 cm
Wanderratte
B 2,5 cm

4 abgedrückte Zehen und 1 verkümmerte, nicht abgedrückte Zehe (große Zehe)
Mittelhandballen abgedrückt und Handwurzelballen kaum sichtbar

5 abgedrückte Zehen
Mittelfußballen abgedrückt, Fußwurzelballen kaum sichtbar

Aussehen

Das vordere Trittsiegel ist kleiner als das hintere. Die Zehenballen drücken sich tief in der schwächer abgebildeten Silhouette der Zehen ab. Es sind drei Mittelhand- und zwei Mittelfußballen zu erkennen. Vorne vier fächerförmig gespreizte Zehen und hinten fünf, wobei Zehe 2, 3 und 4 auf derselben Höhe und große und kleine Zehe weiter hinten an den Seiten liegen. Die Krallen drücken sich oft ab.

Bevorzugte Gangarten

Trab, Hüpfen.

Lebensraum

Siedlungen, Landwirtschaftszonen, Wälder (vor allem Hausratte).

Wissenswertes

Die Hausratte nistet in Bäumen oder auf Dachböden. Sie ist kleiner als die Wanderratte und legt ihre etwa 1 cm großen, leicht bogenförmigen Kotpillen verstreut ab. Die Wanderratte gräbt nicht sehr tiefe Gänge, in denen sie nistet. Ihre Kotpillen sind größer (1-2 cm), spitzer und in Häufchen abgesetzt. Ihre Wechsel sind deutlich markiert.

Wander- und Hausratte

Rattus norvegicus und
Rattus rattus

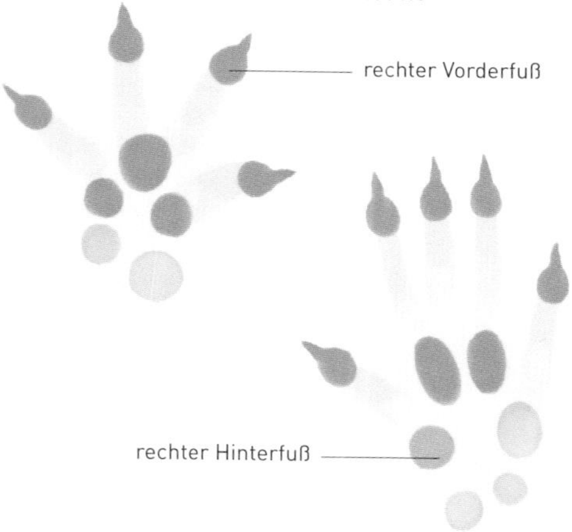

Hausratte

Fortpflanzungszeit

J	F	M	A	M	J	J	A	S	O	N	D

Geburtszeit

J	F	M	A	M	J	J	A	S	O	N	D

Wanderratte

Fortpflanzungszeit

J	F	M	A	M	J	J	A	S	O	N	D

Geburtszeit

J	F	M	A	M	J	J	A	S	O	N	D

Durchmesser 1,5–4 cm **Länge** 10–30 cm

Aussehen

Walzenförmig und länglich mit einem runden trockenen Ende und einem sich verjüngenden spitzen Ende, das oft in einem Haarbüschel endet. Der mittlere Teil ist segmentiert und leicht verdreht. Variiert von Schwarz bis Grau. Enthält organische Reste, Haare, Knochenfragmente und manchmal auch Früchte. Je mehr Knochen und Haare die Losung enthält, desto verdrehter und segmentierter ist sie. Oft mit Kratzspuren am Boden, aber nicht bedeckt.

Vorkommen

An exponierten Stellen an Kreuzungen, Wegen und Wechseln.

Wissenswertes

Der Wolf ernährt sich hauptsächlich von Schalentieren, Rehen und Wildschweinen. Als Opportunist verschmäht er auch kleine Nagetiere nicht, die ebenso zu seiner Nahrung gehören können wie Aas. Im Gegensatz zu Katzen ist er kein »Hyperkarnivore«, d. h. er kann seine Ernährung mit verschiedenen Pflanzen und Früchten ergänzen. Deutliche jahreszeitliche Schwankungen.

Ausscheidungen des Wolfs

Durchmesser	Länge
1,5–3 cm	10–25 cm

Aussehen

Längliche, teilweise segmentierte, wurstförmige Losung. Das eine Ende ist trocken und rund, das andere nicht sehr spitz, sondern eher rundlich und endet manchmal in einem Haarbüschel. Äußere Textur des Mittelteils regelmäßig, glatt und hart. Innere Struktur verdreht. Dunkelbraun bis Hellgrau. Enthält organische Reste, Haare, Knochenfragmente, aber fast nie Pflanzen.

Vorkommen

Wege, Kreuzungen oder dicht bewachsene Gebiete.

Wissenswertes

Am Revierrand sind die als Markierung dienenden Hinterlassenschaften zum Teil gut sichtbar, doch innerhalb des Reviers werden sie durch kreisförmige oder halbkreisförmige Scharrhaufen um den Kot herum verdeckt (30–40 cm große Scharrhaufen). Früchte wird man in der Losung von Luchsen nicht finden, da sie reine Fleischfresser sind. Je älter der Kot ist, desto deutlicher tritt seine verdrehte und segmentierte Form hervor, da sich die äußeren organischen Überreste zersetzen. Geringe jahreszeitliche Schwankungen.

Ausscheidungen des Luchses

Spuren

Marder		Steinmarder		Rotfuchs	
Durchmesser	Länge	Durchmesser	Länge	Durchmesser	Länge
0,5–1,5 cm	5–10 cm	1–1,5 cm	8–10 cm	1,5–2,5 cm	8–14 cm

Aussehen

Längliche, sich verjüngende und verdrehte Losung. Ein trockenes rundes Ende und ein sehr längliches Ende, das spitz ist oder in einem Haarbüschel endet. Äußere Textur des Mittelteils unregelmäßig, sodass der Inhalt sichtbar wird. Dunkelbraun bis Rot oder Blasslila. Enthält organische Überreste, Haare, Knochenfragmente, Insektenreste, Federn und fast immer Früchte.

Vorkommen

Auf erhöhten Plätzen an Wegen und Kreuzungen, auf Baumstümpfen und Steinen, in Scheunen (nur Marder).

Wissenswertes

Die Hinterlassenschaften dienen als Markierung und liegen daher oft mitten auf dem Weg. Da sich Rotfüchse und Marder in ähnlichen Lebensräumen aufhalten, lassen sich ihre Losungen hauptsächlich durch Messungen voneinander unterscheiden. Die Ausscheidungen von Steinmardern hingegen befinden sich häufig in einem Unterschlupf wie einer Scheune oder einem Dachboden. Starker, unangenehmer Geruch bei Rotfuchs und Steinmarder, eher moschusartig und süß beim Marder. Große jahreszeitliche Schwankungen.

Ausscheidungen von Marder, Steinmarder und Rotfuchs

Durchmesser
0,5–1 cm

Aussehen

Leicht abgeflachte, kugelförmige Kotpillen, die von vorne rund, aber von der Seite oval erscheinen. Vereinzelt und oft in großen Mengen abgelegt. Glatte und im Allgemeinen feste Textur. Die Farbe variiert von Dunkelbraun bis Beige. Besteht ausschließlich aus sehr fein verdauten und undeutlichen Pflanzenresten. Meist gut sichtbar in Haufen abgesetzt.

Vorkommen

Entlang von Wechseln, vor Bauen, in Haufen auf Erhöhungen.

Wissenswertes

Die Kotpillen werden zur Markierung des Reviers in Kothaufen angesammelt, doch auch zufällig auf Wegen abgelegt. Manchmal ist ein spitzes Ende zu erkennen, was zu Verwechslungen mit Rehlosungen führen kann, aber die generelle Form ist nie so walzenförmig wie beim Reh. Die glatte Außenseite ist ein wichtiges Unterscheidungsmerkmal zur rauen Textur von Hasenkot. Leichte saisonale Schwankungen.

Ausscheidungen des Wildkaninchens

Spuren

Durchmesser
1–2 cm

Aussehen

Leicht abgeflachte, runde kugelförmige Kotpillen, die von vorne rund, aber von der Seite oval erscheinen. Vereinzelt und in geringer Anzahl abgesetzt. Körnige Textur mit sichtbaren Stücken von Pflanzenfasern. Die Farbe variiert von Braun bis Beige. Besteht aus grob verdauten, sichtbaren Pflanzenresten. Die Kotpillen werden in der Regel zufällig und in kleinen Haufen abgelegt.

Vorkommen

Entlang von Wechseln, in der Nähe des Baus und in Fressgebieten.

Wissenswertes

Hasen verteidigen kein Revier und grenzen es daher auch nicht mit ihrer Losung ab. Die Kotpillen werden zufällig auf den Wegen abgelegt. Die Losung des Feldhasen kann bis zu doppelt so groß sein wie die des Wildkaninchens und sieht unregelmäßiger aus. Leichte jahreszeitliche Schwankungen: im Winter heller und im Sommer brauner.

Ausscheidungen des Feldhasen

Durchmesser 2–3 cm **Länge** 10–15 cm

Aussehen

Sehr variable Formen, von walzenförmigen Losungen bis zu formlosen, mehr oder weniger flüssigen Haufen. Die braunen bis grünen Hinterlassenschaften enthalten Pflanzenreste, Insektenschalen, Getreide, Kerne und Knochenfragmente von kleinen Säugetieren. Meist werden sie in eigens dafür gegrabenen Gruben – den sogenannten »Latrinen« – abgelegt, die in Gruppen gebaut und von mehreren Individuen benutzt werden.

Vorkommen

Entlang von Wechseln, in der Nähe von Futtergebieten und Bauen.

Wissenswertes

Der Dachs ernährt sich hauptsächlich von Regenwürmern, wobei auch zahlreiche Käfer, Amphibien und Wühlmäuse auf seinem Speiseplan stehen. Zusätzlich ernährt er sich je nach Jahreszeit von Getreide und Obst. Abgelegene Latrinen, die die Grenzen seines Reviers markieren, und Stammlatrinen in der Nähe des Baus. Deutliche jahreszeitliche Schwankungen.

Ausscheidungen des Dachses

Durchmesser 2,5–5 cm

Länge (wenn sie zusammenkleben) 10–20 cm

Aussehen

Große, formlose Klumpen, die oft zu einer walzenförmigen Losung zusammenkleben. Glatte Textur und weiche Konsistenz. Enthält organische und pflanzliche Reste. Starker Geruch nach Schwein. Variiert von Schwarz bis Grau und Braun.

Vorkommen

Entlang von Wechseln, in der Nähe ihrer »Kessel« (Verstecke im Dickicht) und in Fressgebieten.

Wissenswertes

Beim »Brechen« wühlt das Wildschwein die Oberfläche des Bodens zur Nahrungssuche um. Auf seiner Jagd folgt es manchmal den Gängen von Waldmäusen. Es hinterlässt auch tiefere Schlammlöcher, die es mit der Schnauze umgräbt, und ernährt sich größtenteils von Getreide (v. a. Mais), Eicheln, Wurzeln und Knollen. Ein kleinerer Anteil besteht aus Waldmäusen, jungen Kaninchen, Eiern, Regenwürmern, Amphibien und Insekten. Als Opportunist ernährt es sich auch von unseren Abfällen und von Aas. Bemerkenswerte jahreszeitliche Schwankungen

Ausscheidungen des Wildschweins

Wanderratte *(Rattus norvegicus)*
Durchmesser 0,5 cm
Länge 1–2 cm

Große Wühlmaus
(Arvicola terrestris)
Durchmesser 0,3–0,4 cm
Länge 1 cm

Feldmaus *(Microtus arvalis)*,
Wald- und Gelbhalsmaus *(Apodemus sylvaticus* und *flavicollis)*
Hausmaus *(Mus musculus)*
Durchmesser 0,2 cm
Länge 0,5–0,7 cm

Hausratte *(Rattus rattus)*
Durchmesser 0,2–0,4 cm
Länge 1 cm

Eurasisches Eichhörnchen
(Sciurus vulgaris)
Durchmesser 0,8 –1 cm
Länge 1–1,2 cm

Aussehen

Mehr oder weniger längliche Kotpillen. Bei Wald-, Gelbhals- und Hausmäusen sind sie kleiner als ein Reiskorn, bei Feld- und Erdmäusen so groß wie ein Reiskorn und bei Ratten, Wühl- und Westschermäusen deutlich größer. Kleine, unregelmäßige Kotpillen beim Eichhörnchen. Glatt und glänzend, wenn sie frisch sind. Mit zunehmendem Alter körnig und matt. Dunkelbraun bei Ratten und Hausmäusen; beige oder grün bei Wald-, Gelbhals-, Wühl- und Feldmäusen; braun-beige gefleckt beim Eichhörnchen. Bei Ratten und Eichhörnchen auf einer Seite spitz, bei Haus-, Wald-, Gelbhals-, Wühl- und Feldmäusen an den Enden abgerundet.

Vorkommen

Entlang von Wechseln, am Eingang von Bauen (Wühl-, Feld-, Wald- und Gelbhalsmäuse), auf Baumstümpfen (Eichhörnchen).

Wissenswertes

Die Wanderratte *(Rattus norvegicus)* sammelt ihre Losungen an Latrinenplätzen, die Hausratte *(Rattus rattus)* hingegen setzt sie auf ihren Wegen verstreut ab. Leichte saisonale Schwankungen, hauptsächlich in Bezug auf die Farben.

Ausscheidungen von Nagetieren

Durchschnittliche Länge des Liegeplatzes
Reh 40–50 cm
Dam-, Rot und Sikahirsch 80–100 cm

Aussehen

Ovale Form von der Größe eines zusammengekauerten Rehs oder Hirsches. Auf einer freigelegten Erdfläche, wo das Tier Blätter zur Seite gescharrt hat, oder direkt auf Falllaub oder Pflanzen, die dann zusammengedrückt erscheinen und eine Vertiefung von der Größe des Tieres bilden.

Vorkommen

Wiesen und Unterholz.

Wissenswertes

Rehe legen sich sehr oft unweit von Wegen unter großen Bäumen wie Eichen in kleinen Gruppen ab. Tagsüber legen sie sich mitunter auch auf ein Feld, um in der Sonne wiederzukäuen. Hirsche hingegen legen sich in dichter bewachsenen Gebieten ab, häufig inmitten von Büschen und Sträuchern in Wiederaufforstungsgebieten. Sie neigen dazu, die Erde für ihren Liegeplatz freizuscharren. Nicht zu verwechseln mit den »Sassen« (Hasenmulden), die zahlreiche Kratzspuren, aber meist keine zusammengedrückte Vegetation aufweisen und deutlich kleiner sind.

Unterschlupf von Reh und Rothirsch

Bevorzugter Durchmesser der Stämme
Reh 2–4 cm
Dam-, Rot- und Sikahirsch 5–10 cm

Aussehen

Die aus der Ferne sichtbaren Bäume mit Rindenabrieb sind in der Regel lebendig, sodass das weiß-gelbe Splintholz zu sehen ist, das sich von den intakten Rindenteilen abhebt. Rindenfetzen am oberen und unteren Rand der Scheuerstelle.

Wissenswertes

Wenn sich der größte Schaden am Baum auf Höhe oder unterhalb des Knies befindet, handelt es sich höchstwahrscheinlich um ein Reh. Auf Hüfthöhe oder weiter oben kann es sich je nach Gebiet um einen Dam-, Sika- oder Rothirsch handeln. Nicht zu verwechseln mit der »Schälung«, die vor allem von Hirschen durchgeführt wird, um sich im Winter von Kambium zu ernähren. In diesem Fall gibt es ober- und unterhalb der Wundstelle keine ausgefransten Rindenfetzen und im Holz sind die parallelen Furchen der Vorderzähne zu sehen.

Scheuerstellen an Baumstämmen von Hirschen

Reh

J	F	M	A	M	J	J	A	S	O	N	D

Dam-, Rot- und Sikahirsch

J	F	M	A	M	J	J	A	S	O	N	D

Durchmesser
1,50 m–3 m

Aussehen

»Kessel« mit freigelegter, trockener Erde (im Gegensatz zur »Suhle«), der ausgehoben und festgestampft wurde. In Form einer flachen Kuhle im Boden ohne Vegetation. Meist versteckt in dornigen Sträuchern oder anderer dichter Vegetation, aber auch neben einem umgefallenen Baumstamm oder im Geäst eines entwurzelten Baums. Oft so groß, dass mehrere Tiere dort Platz finden.

Vorkommen

Waldränder, Getreidefelder, Schilfrohre.

Wissenswertes

Wildschweine verfügen über mehrere Kessel in ihrem Revier und pendeln regelmäßig hin und her, wahrscheinlich zu ihrer Sicherheit und vor allem je nach Wetterbedingungen. Manche Verstecke einzelner Männchen erscheinen recht klein (kleiner als 2 m^2), wohingegen die Kessel, die von Bachen mit Frischlingen genutzt werden, sehr groß sein können (mind. 6 m^2).

Unterschlupf des Wildschweins

Spuren

Durchmesser
1,50 m–5 m

Aussehen

Oft lehmiger Schlammtümpel mit zahlreichen Abdrücken und vollständigen anatomischen Mustern des Tieres, das darin gelegen hat. In der Nähe befinden sich »Malbäume«, deren Rinde bis in 70 cm Höhe abgerieben ist und die durch das wiederholte Scheuern des Wildschweins von Schlamm bedeckt sind.

Vorkommen

An sumpfigen Stellen im Wald, Tümpel.

Wissenswertes

Als Suhle können alle Bereiche dienen, in denen Wasser steht, was häufig auf Waldwegen vorkommt. Wildschweine reiben sich bevorzugt an Nadelbäumen, verschmähen aber auch Laubbäume nicht, wenn Erstere zu weit entfernt sind. Durch diese Schlammbäder entledigen sie sich nicht nur ihrer äußeren Parasiten, sondern können im Sommer auch ihre Temperatur regulieren und sich vor Mückenstichen schützen. Wildschweine befreien sich auch gegenseitig von Parasiten.

Suhlen und Malbäume des Wildschweins

Spuren

Durchmesser des Eingangs
35–50 cm

Aussehen

Zahlreiche gegrabene Öffnungen, meist an einem Hang. Vor jeder Öffnung befindet sich ein großer Erdaushub mit einer deutlichen »Rutschrinne«, die durch das wiederholte »Ein- und Ausfahren« der Dachse entstanden ist. Wenn altes Gras und Laub ausgewechselt wird, sind am Fuß des Baus manchmal trockene Grasbüschel zu sehen. Je älter der Bau, desto mehr Eingänge gibt es.

Vorkommen

Bewaldete Gebiete, Böschungen.

Wissenswertes

Zwei Arten von Bauen: der Hauptbau und die Nebenbauen. Der Hauptbau ist der einzige, der im Winter und in der Geburtszeit genutzt wird. Die Nebenbauen dienen in der warmen Jahreszeit als Ruheplätze tagsüber oder zur Teilung der Kolonie am Revierrand. Soziales Tier, das in Familien- oder Sippenverbänden lebt. Die Instandhaltung der Baue wird von den kräftigsten Erwachsenen übernommen. Erdarbeiten und Säuberungen finden besonders im Frühjahr und Herbst statt.

Unterschlupf des Dachses

Spuren

Durchmesser des Eingangs
20–40 cm

Aussehen

Es gibt zwei typische Fuchsunterschlüpfe: den Erdbau und den natürlichen Unterschlupf. Der Bau hat in der Regel einen gegrabenen Ein- und Ausgang. Vor dem Haupteingang eines bewohnten Baus findet man einen großen Erdaushub, Essensreste und Losungen. Keine ausgeprägte »Rutschrinne« auf dem Erdaushub. Der natürliche Unterschlupf kann sich unter dichten Pflanzen unter Felsen oder in einer von Menschen gemachten Struktur wie einem Abflussrohr oder einer Scheune befinden.

Vorkommen

Waldränder, verlassene Gebiete, in der Nähe von Wasserquellen.

Wissenswertes

Füchse leben in sozialen Gruppen. Beide Elternteile und die Jungtiere des Vorjahres helfen, den neuen Wurf zu ernähren. Manche Weibchen säugen ihre Jungen gemeinsam. Füchse können ehemalige Dachsbaue besetzen oder sie sogar mit Dachsen teilen. In einem Revier liegen mehrere Baue und Zweitunterschlüpfe verstreut.

Unterschlupf des Fuchses

Durchmesser des Eingangs
10–30 cm

Aussehen

Mehrere in den Boden gegrabene Löcher mit kleinen ausgetretenen Bodenhaufen davor oder gar keinem Erdaushub. Deutliches Gangsystem, das die verschiedenen Eingänge miteinander verbindet. Systematisches Vorhandensein von Kotpillen nahe der Eingänge. Die Größe der Kolonie lässt sich anhand der Anzahl der Eingänge schätzen.

Lebensraum

Waldränder, Böschungen, Wiesen, Parks, Meeresufer.

Wissenswertes

Das Wildkaninchen ist sehr territorial und entfernt sich nie weit von seinem Bau. Ein dichter Dornbusch kann auch als Unterschlupf dienen. In der Nähe der Baue befinden sich »Sassen«, kleine oberirdische Mulden, die mit den Vorderpfoten ausgehoben werden und zur Urinmarkierung dienen. Wildkaninchen werden oft von anderen Tieren gegriffen, was sie mit ihrer außergewöhnlichen Fruchtbarkeit und ihrem ausgezeichneten Laufvermögen ausgleichen.

Unterschlupf des Wildkaninchens

Spuren

Durchmesser des Eingangs
20–30 cm

Aussehen

Flache Mulde, die Sasse, die an drei Seiten geschlossen ist. Sehr unterschiedliche Bauweisen – von einem in der Mitte zusammengedrückten Grasbüschel über eine Kuhle neben einem Stein bis zu einer Vertiefung in der Erde zwischen den Wurzeln eines Baumes. Der Boden ist festgelegen und frei von Unebenheiten, der Aushub bildet die Ränder der Sasse, welche die Form des Tieres hat.

Lebensraum

Waldränder, Unterholz, Felder.

Wissenswertes

Die einfachen Sassen sind schnell gebaut – je nach den Vorzügen des jeweiligen Standorts, dem Wetter und den saisonalen Nahrungsressourcen. In dichter Vegetation mit Südausrichtung im Winter oder auf offenen Flächen mit Nordausrichtung im Sommer. In seiner windgeschützten Mulde richtet der Feldhase den Kopf zum Ausgang und legt die Ohren flach auf den Rücken. Dank seiner natürlichen Tarnung ist er fast unsichtbar und kann die Umgebung immer im Auge behalten.

Unterschlupf des Feldhasen

Aussehen

Flache, schlanke längliche Form insgesamt. Langer Hirnschädel und kurzes Nasenbein. Ausgeprägter Scheitelkamm, breite Jochbeinbögen und deutlich nach vorne gerichtete Augenhöhlen. Ausgeprägte Gelenkpfanne *(Fossa mandibularis)*, die zum Kiefergelenksköpfchen *(Caput mandibulae)* hin enger wird.

Bestimmungsmerkmale

Nach vorne gerichtete Augenhöhlen, ausgeprägter Scheitelkamm, großer Kronenfortsatz *(Processus coronoideus)*.

Gebiss der unteren Kieferhälfte

Jungtier: 3 Schneidezähne und 1 Eckzahn.
Heranwachsender: 3 Schneidezähne, 1 Eckzahn und 4 Vorbackenzähne.
Erwachsener: 3 Schneidezähne, 1 Eckzahn, 4 Vorbackenzähne und 2 Backenzähne.

Wissenswertes

Raubtiere und Fleischfresser erkennt man daran, dass ihre Augen auf der Vorderseite des Schädels liegen, weshalb sie die Entfernung zu ihrer Beute besser einschätzen, den Blick besser fokussieren und mehr Details sehen können. Ihre Kiefer umfassen Backen-, Vorbacken- und Schneidezähne sowie vor allem 4 spitze, hochentwickelte Eckzähne. Der Unterkiefer ist kräftig und über seine gesamte Länge gleich dick. Der letzte obere Vorbackenzahn und der erste untere Backenzahn bilden das »Scherengebiss«.

Schädel des Steinmarders

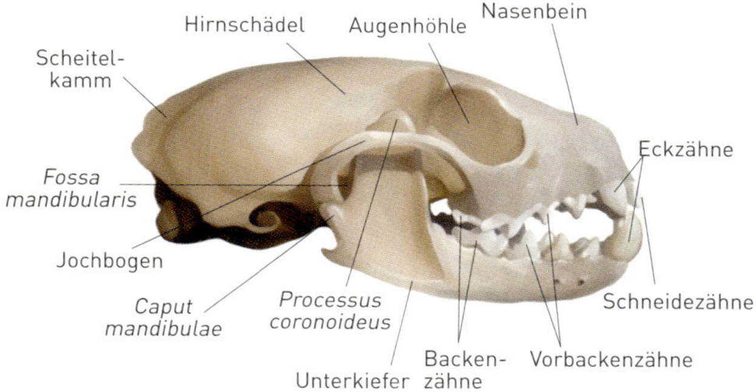

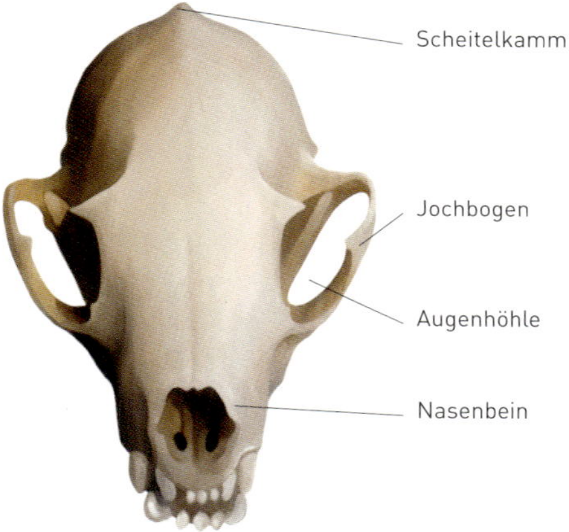

Spuren

Aussehen

Voluminöser Schädel, der vorne spitz zuläuft. Langes Nasenbein und abgerundeter Hirnschädel. Zwischenkieferknochen überaus länglich. Schmale Jochbögen. Deutlich nach außen gerichtete Augenhöhlen an den Seiten des Schädels. Schwach ausgeprägte Gelenkpfanne *(Fossa mandibularis)*. Kiefergelenksköpfchen *(Caput mandibulae)* höher als die Zahnreihe.

Bestimmungsmerkmale

Augenhöhlen an den Seiten, keine oberen Schneidezähne, leicht gebogener Kronenfortsatz *(Processus coronoideus)*.

Gebiss der unteren Kieferhälfte

Jungtier: 4 Schneidezähne und 3 Vorbackenzähne.

Heranwachsender: 4 Schneidezähne, 3 Vorbackenzähne und 2 Backenzähne.

Erwachsener: 4 Schneidezähne, 3 Vorbackenzähne und 3 Backenzähne.

Wissenswertes

Pflanzenfresser meiden Raubtiere mithilfe ihres Geruchs- und Gehörsinns und ihrer an den Schädelseiten liegenden Augen, die ihnen peripheres Sehen und einen Rundblick von bis zu 300 Grad ermöglichen. Mit ihrem langen, dünnen und weit ausladenden Unterkiefer können sie kauen und Pflanzen in winzige Stücke zermalmen, bevor sie sie verdauen. Da sie keine oberen Schneidezähne haben, hinterlassen sie auf Pflanzen eine charakteristische Spur, die auf der einen Seite glatt und auf der anderen faserig aussieht.

Schädel des Rehs

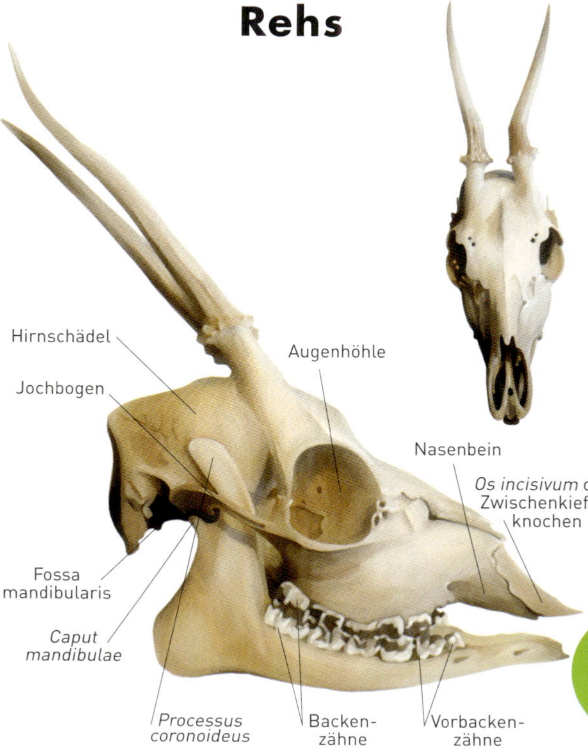

Außendurchmesser 30–40 cm | **Höhe von Nest & Überdachung** 50 cm | **Höhe** mind. 5 m

Aussehen

Voluminöses Nest aus zwei Teilen: ein großer, dichter Korb und eine grob geflochtene Überdachung. Außen ausschließlich aus Zweigen geflochten und innen mit Federn, Fasern und Schlamm ausgepolstert. Keine sichtbaren Blätter oder Moose an der Außenseite. Hat insgesamt die Form einer eiförmigen Kugel.

Vorkommen

Städte, Parks, Gärten, Hecken, Straßenrand.

Wissenswertes

Aufgrund ihrer Größe sind diese Nester von Weitem sichtbar und in kahlen Bäumen im Winter von der Straße aus leicht zu erkennen. Meist in luftiger Höhe, doch manchmal wird das Nest auch in einem Dornbusch gebaut. Das Elsternpaar ist das ganze Jahr über in der Nähe. Man kann es in seinem Nest beobachten, das es jedes Jahr aufs Neue nutzt und ausbaut. Aufgrund der Größe ist das Elsternnest besonders beim Kuckuck beliebt, der seine Eier häufig darin ablegt.

Nest der Elster

Innendurchmesser
10–15 cm

Außendurchmesser
15–20 cm

Höhe
Amsel 1,50 m–2 m
Drossel 2 m–3 m

Aussehen

Ziemlich regelmäßige Napfform, geflochten aus Ästchen, trockenen Gräsern und Moosen. Breite Öffnung an der Oberseite. Die Nestmulde wird von der Amsel grob mit Lehm oder Schlamm verkleistert und von der Drossel mit feuchter Erde ausgestrichen.

Vorkommen

Städte, Parks, Gärten, Hecken und Büsche.

Wissenswertes

Eines der am häufigsten zu beobachtenden Nester, da es oft in weniger als 2 m Höhe in einem Strauch oder einer dichten Hecke gebaut wird. Die Öffnung im Laub der Hecke, durch die der Vogel zum Nest gelangt, ist gut sichtbar. Das Gefieder der Männchen ist schwarz, das der Jungvögel und Weibchen braun. Amseln sind nicht sehr scheu; man kann sie auf dem Boden beobachten, wenn sie nach Regenwürmern und Insekten suchen. Die scheuere Drossel mit der gefleckten Brust ist im Frühjahr an ihrem melodischen Gesang zu erkennen, den sie von einem hohen Ast aus erschallen lässt.

Nest von Amsel und Drossel

Außendurchmesser	Durchmesser des Eingangs	Höhe
15–20 cm	3–4 cm	1,50 m–2 m

Aussehen

Kugel- oder beutelartiges Nest mit einer kleinen Öffnung an der Seite. Manchmal in einem einfachen Felsspalt, im Dickicht oder in Nischen einer von Menschen gemachten Konstruktion, mit Moosen, Ästchen und Blättern ausgekleidet. Häufig im Efeu eines Baumstamms.

Vorkommen

Parks, Gärten, Hecken, Unterholz und Waldränder.

Wissenswertes

Einer der kleinsten europäischen Vögel mit überraschend kräftigem Gesang. Das Männchen baut mehrere Nester an verschiedenen Orten und kann mehrere Weibchen und Bruten gleichzeitig haben. Die Weibchen bauen das Nest aus, indem sie es von innen mit Moos und weichen Stoffen auskleiden. Außerhalb der Nistzeit können die Nester als zusätzlicher Unterschlupf und Kälteschutz dienen. Zaunkönige ernähren sich hauptsächlich von Insekten und Larven, die sie am Boden und im Dickicht finden.

Nest des Zaunkönigs

Spuren

Index

Trittsiegel

Ausscheidungen

Unterschlüpfe, Bauen, Nester, weitere Spuren